和女人的世界
好好谈谈

曾雅娴 ◁ 著

台海出版社

图书在版编目（CIP）数据

和女人的世界好好谈谈 / 曾雅娴著 . -- 北京：台
海出版社，2016.8
　　ISBN 978-7-5168-1141-2

　　Ⅰ．①和… Ⅱ．①曾… Ⅲ．①女性－成功心理－通俗
读物 Ⅳ．① B848.4-49

中国版本图书馆 CIP 数据核字（2016）第 199843 号

和女人的世界好好谈谈

著　　者：曾雅娴	
责任编辑：王　萍　赵旭雯	责任印制：蔡　旭

出版发行：台海出版社
地　址：北京市朝阳区劲松南路 1 号，邮政编码：100021
电　话：010 — 64041652（发行，邮购）
传　真：010 — 84045799（总编室）
网　址：www.taimeng.org.cn/thcbs/default.htm
E-mail：thcbs@126.com
经　销：全国各地新华书店
印　刷：日照梓名印务有限公司
本书如有破损、缺页、装订错误，请与本社联系调换

开　本：880×1230　　　1/32
字　数：178 千　　　　　印　张：9
版　次：2016 年 11 月第 1 版　　印　次：2016 年 11 月第 1 次印刷
书　号：978-7-5168-1141-2

定　价：32.80 元

序

有个女子

天涯鬼话版主　莲　蓬

有个女子，专喜素面朝天，肤净如脂，施施然看低一街的轻薄，然后妙笔生花，似娇似嗔，辛辣淋漓，此女名叫曾雅娴，怎一个媚艳不可方物了得？忽一日，逮着俺这生活里素不相识的老头，只叫写序。哪管文章看过与否，不由分说传来。秉烛夜读，方叫不负她的青春与才华。

咦，其实文字本无高下之分，贵在真诚，不可造作。入不入得看客法眼，更不在是否千古文章，而在有没有缘分。就如旅行，不一定要和谁一起去。就如爱情，不一定非得给自己一个理由。就如旧爱，全世界都知道不见面最好却哪里会享受那微妙的旖旎？有些文字，便有慰到心上

的舒服。喜欢。比如这段："一想也是，谁规定先恋爱就会一起走到老，没结婚之前，当然谈恋爱可选择范围大就可以优胜劣汰了，这抢男人只要姿态不难看，虽然看似生猛，但比坐以待毙还是值得鼓励的。"如此生猛娇俏，足叫许多无病呻吟的小资文字汗颜。

虽是表面生猛，作者骨子里却是一个悲悯的人。这种悲悯，甚至被她用"轻佻"这个词表现出来。我们知道，人性中有许多不可抗力，这种不可抗，让我们有那么多的不舍，甚至蠢蠢欲动。但我们有时并不想因此改变什么，改变是一种反动，是悲剧。我们需要一种大悲悯来宽容我们小小的叛逆，因为那是一种余味一生的温暖。"偶然看英国作家毛姆写的一个小说，觉得很有意思。情节大致是，一个单身居住的男人好不轻易找到了一个满足的女佣，她不仅非常善做家务，而且忠诚可靠，善解人意。一个晚上，男主人喝了一点酒，在和他的女佣互道晚安时，不由自主地吻了她，女佣不但没有躲闪，反而回吻了他，于是就发生了我们可以想到的事情。早晨，男主人醒来后心里很懊悔，他猜想女佣一定会找他麻烦，或者满脸委屈，又或者独自离去了，可是让他感到意外的是，女佣同往常一样时间，准时在他的房间门口出现了。她给他拿来了早报，态度安静得体，似乎什么事情都没有发生过。我喜欢这样干净利落的轻薄，一种似有还无的小暧昧，有别于艳遇的轻浮，在我看来，喜欢看美女的男人很正常。喜欢韩剧和言情小说的女人很正常，所以固执地相信每个男人女人的心里都住着一个魔鬼，偶尔会出来作一点撒点野，小暧昧小轻佻是一种浅尝即止的刺激，出轨或艳遇或红杏出墙小三小四的排场就是大魔鬼的贪欲。"这段文字，以一种小小的轻佻，其实代表了作者的一种大悲悯。那种干净与无邪，就如她喜欢的素面凝华。

　　其实我很少与人为序，更很少为这种随笔与散谈的文字。每每与人说起，还常常不屑曰：那也叫作品么？不错，这类作品素"不登大雅之堂"。但就如我前面所说，文字是需要一种缘分的。敢叫素不相识如我写序，并逼我秉烛夜读，而读来又酣畅痛快者，也算是一些生猛百酿的文章了。文如其人，人过及字，惴惴而读，会心而笑，不亦快哉？

　　是为序。

目　录

第八章　你要相信总有一个人会护你安好

第一章

但凡最登对，必定各独立

不管情感是哭是笑，是爱是憎，您想去问个明白，那实在是徒劳无益的。

　　　　　　　　　　　　——（印度）泰戈尔

拥抱的力度，就是爱情的深度

很多女孩都有抱着布娃娃入睡的习惯，直到她遇见了某个男人，于是布娃娃可以休息了，某男的拥抱对她来说更具有安全感。

常常觉得拥抱这种东西其实男人与女人的感觉是大不相同的，男人的拥抱似乎比较廉价，因为他可以因为感动、同情、愧疚，甚至仅仅条件反射，手到擒来地去拥抱一个他并不爱的女人。

而女人即使在伤心时也是不乐意让一个她没有丝毫感觉的男人来给她一个安慰的拥抱的，因为对她们来说，与其

拥抱一个感受不到心跳的男人，还不如躲起来，痛哭一场，然后抱着她的布娃娃安安静静地坐一会儿来得实在。

但无论如何，你必须得承认，男男与女女在一起，接吻是诱惑，拥抱是一种贴心的呵护感。

被自己喜欢的男人爱护与拥抱，是那名女子的幸运与幸福。

拥抱于女人，应该算是化妆品里的胭脂吧，可以没有，但有才最好。因为情人之间拥抱彼此的体温令人安全与宁静，这比一个人孤独的滋味还是好过许多的。

拥抱和微笑的感觉相似，是一种温暖而随性的身体语言。

微笑可以使你看上去更平易近人，而适合的拥抱能给需要的人补充体力，让他或她看上去容光焕发。

若是暗恋一个人，因为也许永远没有机会真正地拥抱过，所谓距离成全美丽，因此在那名女子的心中：那份相拥的感觉想必是无比美好，令她念念不忘的。

若是相爱，拥抱是情侣之间最幸福的一种习惯，能鼓励并愉悦彼此心灵的温暖。

女人最想得到的自然是爱着的那个人的拥抱，最好是熊抱。

踮着脚尖迎接某男一个深深的熊抱，把脸抵在他的胸膛，在最接近的距离，聆听他的呼吸，突然觉得自己无比的幸福与满足。

当然也可以悄悄地从后面去拦腰抱着一个人，然后依偎在他背上撒撒娇，咬咬耳朵。甜蜜与享受便早已溢于言表，彼此的温度与心意更是融于一体。

在真心拥抱和被拥抱着的时候，你会觉得自己是世界上最快乐的人，因为从此有个怀抱可以让你依靠和歇息，一场相爱的美妙，一些焰火般的心跳，让爱无路可逃，而爱是难分彼此的。

所以我坚信——有时拥抱的力度，就是爱情的深度。

但是真实的情况是这样的，男欢女爱真正抱在一起，开始可能是满足与欣喜，而日子久了，因为一个苍凉的原因，比如新欢出现了，比如七年之痒了，比如重复拥抱的次数太多了，这拥抱大概对于有些人而言也就是如左手握右手般没什么感觉了。两个曾经一见钟情或一见如故的人忽然在某一天变得客客气气无话可说了，像最熟悉的陌生人，

你有多久没有拥抱？或是某男给你的拥抱早已到了敷衍了事的阶段？

我只知道，如果没有爱情，女人宁愿抱一个枕头或一个布娃娃，至于某男的拥抱，他爱给谁给谁好了。

不管男人女人，慷慨大方都是最优秀的品质

某男和某女恋爱两年，一直扮演沉稳老实寡言的好男人形象，这女孩子却是伶牙俐齿，风风火火，很是厉害的样子，可实际上不过是个刀子嘴豆腐心的主，对那个某男好得没话说。给他买三买四，唯恐他穿得过时了，吃得不够营养了，钱花出去很多却从不计较。

再回头看看这个某男吧，出门兜里基本不带钱，大家吃饭买单总是看不到他影子，跟女朋友在一起的时候，总是以勤俭节约为借口，给自己找了一个不用埋单的美德标准，而那个傻傻的女孩，便一边感慨着他勤俭节约的美德，一边更加心甘情愿从自己口袋拿钱为他的花销埋单。

可这样做的结果是，某一天，那看上去沉稳老实寡言的男人却和她说分手，分手的理由也是那么简明少话，他说：我这么老实，你那么厉害，我们不合适。可事实呢，那可怜的女孩最后知道，男友早就劈腿和一个更有钱的女人好上了。

所以，我一点都不相信那些貌似老实寡言的男人，会真的在感情中如此老实。想想老实人的经典榜样许仙的德行吧，白素贞是怎么被关进雷峰塔的？

可往往在一对关系中，外人总会很快界定出谁是老实人。比如性格开朗的、喜欢说话的那个人往往被认为是欺负另一方的罪魁祸首，一旦两个人感情出现了问题，旁边的人总会在那个张扬的人身上找原因，言外之意是人家那样老实，一定是你欺负了他。

一定是你欺负了他。瞧瞧，这句话多么具有讽刺的意义。

谁让很多时候女人会这样理解爱——她们认为自己爱这个男人，那么自己就有义务有责任改善他的生活，替他或者帮他解决原本属于他的难题。好比我这倒霉女友，恋爱不仅伤心伤肺还落个人财两空的结局，说到底无非是有钱捧个钱场，有人捧个人场，等到口袋金尽，也该是人去屋空的时候啦。

可有的男人，就是刻意甚至习惯去扮演那种外人看来被照顾被欺负的角色。说不还口，打不还手，还经常流露出无辜的可怜表情，把一切的错误默默地推给了对方，取得了舆论优势后，恋爱中的节奏便越发地掌握在自己手中，就算他背地里做了一箩筐龌龊的事，只需扮个无辜嘴脸，全世界都会把责备送给另外一个人，一千张口的辩解比不过一张揉过的面脸。

不管男人还是女人，我总觉得慷慨大方应该是一个人最优秀的品质之一。所以三分钱买烧饼看厚薄，抠抠搜搜整天装傻充愣占便宜没够的人根本不可交，都是可以拉入黑名单的人。

如果一个男人在初期见面时就抠抠搜搜或者锱铢必较，你只能理解他没有诚意；如果长此以往小气吝啬，装很老实的样子，他绝对是一吃软饭的主。

同样，一个女人对某男的奉献的多与少，并不是决定是否能得到对方很多爱的关键。你多年的任劳任怨，无私付出，倘若没有必要的技巧辅佐，极有可能成为一个耳口相传的笑话。感动了自己，便宜了渣男。

女人们一定要明白，找男朋友不是找让你操心的，是要他来宠爱你，什么样算宠爱？有一百万给你花一百块这只是敷衍，而有一百块愿意给你花一百块，这就是真爱。

对自己狠一点，你才能更优秀

无论是可爱的美女还是轻熟美女，都会有属于自己的招牌美丽小动作，比如俏皮地眨眼睛，比如不经意地回眸一笑，欲言又止的唇线，还有悄悄红了的眼睛，电话里轻声的叹息……看似漫不经心地，你一抬手你一低头，于是你，就落入了他的眼里和心里。

小S性感的招牌动作是很喜欢抬一只脚，一只手插着腰。可能是为了体现她脚上漂亮的小刺青吧！每回拍照总不忘把这个位置给秀出去。所以在同其他明星合影时，大部分的造型，小S总是侧着身体的。但是你以为这些看似随意的招牌动作都是瞎摆的吗？很多人不知道，每一个好身材的背后都是一部减肥与缩食的血泪史；每一个好看的动作，优雅的气质都源自背后付出的运动，流过的汗。

这个世界上，有很多自诩为"聪明"的人，"云淡风轻"的人，依仗着自己的小聪明，不肯努力、不愿下死功夫，企图走捷径，以为那样就可以过自己想要的生活，成为自己想成为的人，那怎么可能呢？

事实证明，对自己狠的女人才能快刀斩乱麻，结束一段糟糕的爱情；对自己狠的女人才能练就好的身材；对自己狠的女人才能掌握自己的人生。

而那些娇情的女人，正因为她们娇惯着自己，舍不得对自己下狠手，这个现实的世界便会对她们下狠手。也许，能侥幸逃过一次，可是，终有一日，她们会遇到自己人生的滑铁卢。

世界那么大，英雄自辈出。世上从不缺乏聪明人，相对缺乏的，是那种既聪明又肯努力的人。一个聪明人，如果骨子里缺乏一股狠劲、一股不将自己的聪明才智发挥到淋漓尽致绝不罢休的狠劲，是绝难成功的；即便她有再好的天赋、再佳的智力，那都是浪费。

假如你长得不够好，那么就在学识上下工夫；假如你

想书卷气多一点，那就不妨在你的内涵上多下工夫，多读书自然就会学会思考；假如你爱运动，那就坚持不懈，直到练出人鱼线为止；假如你喜欢画画，你就赶紧去找个老师教你入门，而不是止步于空想。

有句话说得好，没在深夜痛哭过的人就不足以谈人生，所以，不对自己狠一回的人，更不足以谈变优秀。

女人被圈养等于吃软饭

一个平时玩得不错的女孩子过 28 岁生日，请来像我这般的狐朋狗友若干吃饭喝酒热闹一番。酒喝到尽兴，寿星女忽然面露喜色地说，最近有个条件相当不错的实力男有娶她回家养着供着做全职太太的意思。

一桌的女人顿时羡慕得夸张大叫，原来有个男人愿意将你妥善收藏免你受颠沛和流离啊！

唯独我是泼凉水的那个。

我说，娶你回家是不错的，但要一辈子养你做全职太太是福是祸就很难说，在我看来一个男人如果靠女人养活或

发家致富通常被人形容为吃软饭，一个女人被一个男人圈养无所事事地活着也可以视为是吃软饭的一种。你又不是观音要人家进贡养着，即便那个男人有金山银山，可这和你有个事情做并不矛盾。能挣钱养自己不仅是本事也可以说是寄托和后路。

其实，无论男女，软饭都不是那么好吃的，只是，这个社会对女人养家糊口向来仁慈，女人挣钱是锦上添花而不是非你不可。

尤其是当这些女人的另一半都金山银山闪耀，根本就不需要她那点零碎的银子去打点生活，于是这些女人便在爱的名义下妥协，开始成为全职太太，人生的选择有时候像做买卖，都是拿本身所有，去换那没有的，你有青春，你有美貌，于是你换来安逸和清闲，这些看起来很公平也无可厚非，但悠闲自在是双刃剑，说严重点是爱从来不是可以颐养天年的妙方，人无远虑必有近忧，当你在家里失去斗志逐渐人老珠黄，一个女人的自食其力能力也渐渐在孩子尿布、遛狗、看无聊伦理长剧里蹉跎，逐渐迟钝和退化了。

相反，这个社会尤其对于所谓家底殷实男而言，他们的诱惑实在太多，时间一久，颓废了心，黄脸婆怨妇又多你不多地问世了，于是你逐渐由男人心头的朱砂痣变成了墙上一摊腻人的蚊子血……

而男人每天在职场上面对的可以说是另有风情的优秀职业女人，有了外面那些花儿般的女人做比较，男人的心怎么会不野？于是，女人在猜忌，男人也在游离，于是那些出轨和外遇不过是他常在河边走湿鞋罢了，结婚证从来也没有风险投保，可以许给你白头到老的坚定，中途变心和上错车时有发生，天要下雨，男人要不回家，你一点办法也没有。没有一点经济地位的你甚至连吵架都没有理直气壮的勇气啊。亦舒不是说过吗：要别人养你，还要别人尊重你是不现实的。

不如做个有自己生活的半职太太吧。你不需要出去朝九晚五，但完全可以让自己的生活更丰盛起来，比如有着自己的爱好和兴趣，能坐在家里挣得一份薪水，网站编辑、淘宝卖家、各种翻译、自由撰稿人、各种策划……你完全可以有自己的小经济。我的意思是说，半职太太就是要有着自己的自主权，不完全依附于男人吃软饭。虽然，你的男人的经济实力比较优厚，但你也要告诉你的男人不必以为谁靠谁，我在家里随便玩玩也是可以养活自己的。

豪门也好，寒门也罢，吃软饭无论男女都不是什么光彩的事，自己没脑残也没断胳膊断腿，与其委屈自己看某人脸色花钱来养着，倒不如自食其力来得痛快洒脱。即使你貌

美如花，也该知道花开花会谢的道理吧。

富在深山有远亲，穷在闹市无人问，爱情也是现实的，你越大会越明白冷暖自知是一件必须掌握的生存技能，你默默在钢索一样输赢未卜的前路上孤单地前行着，才会更加明白那些愿意给你机会，那些愿意给你的鼓励，那些愿意陪着你一起同行的人是多么的难能可贵。

所以姑娘们，白日梦都醒醒吧，爹妈都不能养你一辈子，何况男人！

每个人心里都应该有一朵唯一的玫瑰

小王子的故事大家都喜欢吧？

小王子是个无畏的小男孩，来自外面的星球，有一条长长的围巾。他的那个星球很小，小得就像房子，每天可以看见很多次日出日落，那是多么的美呀！小王子养了一朵玫瑰花，一朵普通的玫瑰，色彩不是很鲜艳，味道不是很芬芳，他每天给它浇水、施肥、捉虫子。小王子来到地球的时候，也看见了满园的玫瑰花，和他养的那朵几乎一模一样，他很难过地问一只路过的火红色皮毛的狐狸："为什么我惦记的那朵花，并不特别美丽？"

对呀，世界上所有的玫瑰也许都没什么区别，如果那时是你遇到了小王子，你会怎么回答呢？

狐狸告诉小王子："因为你惦记她，所以对于你来说，她就是一朵非常重要的玫瑰。"

我很喜欢这句话，不是吗？在这个世界上，没有绝对美好的东西，美好都是住在心里的，它们很安静地住在那儿，淡淡地发出香味来，让你幸福，很长久地幸福。别为你爱的人不完美而难过，这是必然的，当你想哭的时候，仔细想一想你心里的感受，是不是因为这个人对你而言很重要，所以你才会难过？在意一个人就是世界上最美好、最独一无二的感觉了。

我们来到这个地球上，依靠土壤和水生活，像一些雕塑的小人一样，为了区别，我们都有不同的样子。有些是瓷器的孩子，有些是泥巴的孩子，在泥巴的孩子们中间，有些是用很光滑的泥巴做的，有些却很粗糙。但就算是最粗糙的泥巴孩子，也会有人疼爱，把他放在干净的窗台上，跟漂亮的太阳花和风铃摆在一起。因为在那个爱他的人眼里，这个难看的泥巴孩子最重要，也许他很顽皮，也许他睡觉的时候打呼噜，也许家里的小猫都不喜欢和他玩，但那个爱他的人离不开他，每天都希望看见他，和他在一起，住在屋子里。

我们应该原谅各种的不完美，不要去抱怨你为什么没有邻座的女孩个子高，别去责怪妈妈没有给你买名牌的运动鞋，更别去难过为什么你的家不如别人的家宽敞……我们从来也不应该苛求自己是最美丽的，我们也不该苛求自己的亲人是世界上最富有的，而是用心来发现他们是无可替代的，是最爱自己的，那就足够了。发自内心地喜欢自己，爱你的亲人，所以，我们只爱的那朵玫瑰对自己来说就是最重要，最好的，不是吗？

每个人的心里都应该有一朵唯一的玫瑰，你会发现，最爱与最好之间，只隔着一个词，那就是——珍惜。

书中自有颜如玉——男人心中的完美女人

据说每个男人心中都会有一个梦中情人，或者有刘亦菲的清纯，或者有舒淇的性感，反正想象总不至于让人承担太多责任和风险。古人都说"书中自有颜如玉"，咱不如索性打开书本，到无限遐想的文字里去寻找几个男人心中最喜欢的极品女人吧。换句话说，一个男人若是能拥有这几位女人那真算是完美人生了。

一、姐姐，风四娘

读古龙的小说《萧十一郎》，我一直耿耿于怀的是萧十一郎为什么爱上的女子会是沈璧君，而不是风四娘。风四娘这个女人活得那么真实而生动，她喜欢骑最快的马，爬最高的山，吃最辣的菜，喝最烈的酒，玩最利的刀，杀最狠的人。

大概男人所想要保护和疼惜的始终是像沈璧君般温婉可人的恬静女子吧？至于风四娘，她的性格刚烈好强，她可以为萧十一郎豁出性命，但她也接受萧十一郎爱的不是她这个事实。是的，他们从小一起长大，他们可以一起喝酒，可以一起欢笑，也可以一起痛苦，相互之间都会为了彼此两肋插刀，他们的关系像亲情，手足之间那种割舍不掉的亲情。

若是一个男人，能在生命中有一个这样凡事为他考虑周详，又信任宠溺他的姐姐还真是不赖吧？这位姐姐有超强的耐心听你讲你的志气和理想，偶尔还可以代替母亲的职责，为你洗衣、做饭等等。人生啊，如果每个男人都能有一个善解人意又勤劳体贴的姐姐，那他做梦也会笑醒吧？

二、女朋友，赵敏

女朋友当然首先要长得漂亮了，所谓一见钟情不过就是男人被女人美丽的外貌吸引而钟情于她。尤其走在朋友圈或人群里，一个亭亭玉立、气质出众的女朋友，偎依在男人的臂弯里，那实在是让男人很有面子的事情。

比如金庸《倚天屠龙记》里的赵敏，赵敏的容貌自然

是很美的，所谓灿若玫瑰、艳若桃李形容的就是她那样的女子，不过多半漂亮的女人也是有些骄傲和任性妄为的，就像她反问张无忌："你说是我美呢？还是周姑娘美？"若非自信满满，怎么敢有这样的率性与勇气？但她邪气得光明磊落，直率得口无遮拦，我若是男人只怕也会爱上这样的女子。

赵敏，热情如火又古灵精怪，男人若是有个这样的女朋友，生活必定会充满很多意料之外的惊喜。

三、老婆，薛宝钗

毫无疑问，薛宝钗是最适合给男人做老婆的女人。作为老婆应该具备的品质她都拥有，比如宝钗的聪明与淡定。要知道女人嫁给一个男人为妻，意味着要考虑男方女方两个家庭的感受，偏着娘家，婆家必定觉得你小家子气，偏袒婆家，娘家人又觉得是女大不由娘。

薛宝钗在偌大的贾府里既能让贾母开心又让小姐丫鬟们喜欢，显然她是个懂事而圆润的人。她知道顾全大局，做任何事情都四平八稳，完全是大家风范的好媳妇的典范。

居家过日子，卿卿我我的浪漫到最后必定会被琐碎平凡的光阴磨去。大气聪明的女人知道一种圆融无碍的智慧，婆婆媳妇小姑丈夫，没一个聪明的女人，这等复杂关系还真是伤脑筋呢！

四、情人，孙小红

世上有一种女子，她有明媚的笑容，欲语还羞的神情，爽朗中不乏温柔和细心，豪气里又有几分小儿女的娇憨情态，孙小红就是这样的女人，她是李寻欢的红颜知己。

红颜知己在男人的字典永远是红袖添香或者美人如玉剑如虹的遐想，这个女人最好能随时揣在他的口袋里。他成功时，给他赞许和肯定的鼓励；他伤心时，她可以给他安慰；他疲惫时，她能用柔软的手温柔抚摩他憔悴的面容。世上还有什么比情人的手更温柔的呢？

所以我认定确定以及肯定，我相信无论什么时代，每个男人都想在老婆之外，拥有一个这样的女人。哪怕是白日梦，想想也是不错的。

五、女儿，小燕子

《还珠格格》里大名鼎鼎的小燕子，没心没肺的逗比一个，她是琼瑶笔下最独一无二的喜剧人物，她是全世界最糊涂也最幸运的女孩。小燕子没事就喜欢吵吵小架，因为反正醒着也是醒着，说说小谎，反正闲着也是闲着，至于大祸

小祸肯定该闯还得闯，这也算是极品女人的一种吧！

只是可怜的老爸除了收拾烂摊子，还得有循序善诱的耐心，才能宠溺这样一个活宝女儿。

都说女儿是爸爸前世的债，话说看到某老爸很细心为女儿摔破的膝盖涂药的情景还是很温馨动人的……

美女的眼光为什么会变差

纵观周围被人们称为大美女的女孩的情感经历，都会发现一个奇怪的现象：她们精挑细选，到最后所托付的男人通常都不怎么样，要么此男只是纨绔子弟，靠着家里的钱势耀武扬威；要么此男只会夸夸其谈，根本不是脚踏实地的主儿……

仔细想来，也并不奇怪。原因大抵如下：

一、百分之十是因为天性单纯

有一种美女人们称之为"绣花枕头"，就是好看是好看，却没什么 IQ 的意思。这话是有些刻薄，但咱们谁也否认不了，

有些美女就是很傻很天真。因为从小到大，周围的人都给她灌输了她是美女的概念，所以美女的心思很早就不会放在求知和思考上了。这样的美女是不能开口说话的，一开口你就会发现真的是无知者无谓，无论你说什么，她都能扯进一些风马牛不相及的话题和答案，要么她就用无辜的大眼睛瞪着你，这种状况会很无趣，也着实与她的外貌不成正比。

二、百分之二十是因为美女很脆弱

美女是经受不了什么挫折的，比如被人抛弃、找工作失败。因为大多数时候，都是美女选择别人，把别人抛弃，所以真的遇到点小灾小难美女就一蹶不振了，这个时候如果有某男子适时出现，给她安慰和信心，或许给她描绘无限美好的未来，美女一定会欣喜若狂，甚至会以身相许的。

三、百分之三十是因为被灌多了迷魂汤

美女的自信与骄傲来源于无数人对她的恭维与赞美，无形中导致了美女的虚荣心膨胀，所谓：忠言逆耳，良药苦口。可是有些美女是听不得别人说自己的不好与缺点的，稍微有点观察力的男子只要摸准了此类美女的心思，拣些她喜欢的话说，就可以轻松俘获美女的芳心。这样美女的遇人不淑就不是什么稀奇的事情了。

四、百分之四十是因为虚荣心

美女喜欢过锦衣玉食，十指不沾阳春水的富贵生活，因为这样她们才会有更多的精力与金钱来伺候自己的颜面与身段。不管哪里追美女，比的都是财气与魄力，古有千金买美人一笑的典故，现在比谁买的别墅更豪华，谁买的钻戒克拉更大也是这个理。

五、百分之五十是因为穿得太少

美女多半都有好身段，有好身段自然要把它亮出来。所以美女大多都很敢穿，很会穿，擅长用穿着展现自己凹凸有致的身材，或飘逸优雅或大胆热辣，引无数眼球竞相看。她们走在大街上，气场不比 T 台上的模特差多少，回头率太高，难免感觉良好，越发朝着越穿越美，越穿越仙的方向发展。

六、百分之六十是因为乱"草"渐欲迷人眼

身为美女，追的人自然是多如牛毛。这一多，就容易使美女眼花缭乱，张三不错李四也好，王五也不差，但总不能中午吃张家晚上睡李家吧？还是要挑一个来恋爱的，但至于自己到底最喜欢哪名男子，怕是连她自己都搞不清了。

七、百分之七十是因为自以为是

外貌是作为美女最骄傲的财富，当一些美女把自己的身材和容貌作为资本进行自以为是地投资时，找男朋友对于她们来说就是找固定资产或长期饭票。我在想：当美女嫁人的首选因素从爱情转移到物质的时候，幸福是不是显得很虚假和虚张声势呢？

八、百分之八十是因为缺乏安全感

没有永远不衰老的美女，所以美女需要在确认自己还未年老色衰时，将自己漂漂亮亮地嫁出去。但我在前面已经说过了，有些美女对男人的鉴赏力是十分有限的，所以至于嫁得好还是不好那就要看这美女的造化了。

至于其他百分之九十和百分之一百是为美貌与聪慧并存的美女预备的。

因为我以为，如果美貌会使一名女子艳惊四座，聪慧与才华却能使一名女子光芒万丈。有才华的女子那举手投足间不经意流露出的或含蓄或聪慧的气息，就能把俗艳和粗糙的美悄无声息地比下去……

我喜欢这样活色生香、灵动智慧的美女。至于她们的眼光，只要遇见对的人，无论富贵贫穷都会嫁，没遇见，咱也不着急，因为反正是自己赚钱买花戴啊！

不在虚荣里沉沦，就在虚荣里永生

我是个虚荣的女人，我喜欢别人或真心或假意地夸我漂亮又优雅，所以我理直气壮地喜欢兰蔻、雅诗兰黛、迪奥等一切昂贵的护肤品，因为那些东西都能让我看上去更美。

当然我还喜欢 CK 内衣、PRADA 的外套和宝马香车，是的是的，所有美丽与华丽我都想要拥有。

不过话两头说，先说长得漂亮好了，因为这个看起来比较简单。所以无数美女和期待成为美女的女子们真是应该万分庆幸生活在这个科技先进、盛世繁华的好时候啊，隆鼻、隆胸、削骨……只要你舍得一身剐，要怎么美就能怎么美，此话一点可不掺假。

哈，曾经不是有首歌里唱："人不爱美，天诛地灭"吗？

这是多严重的罪过啊，尽管我总是没有那种为了美丽而对自己狠狠雕刻的勇气，但我对所有美女和貌似美女的女子们是无限宽容和羡慕的，管她天生丽质还是"后天修成"，只要能让我看着赏心悦目就好了。

现在终于要说到我更喜欢的 CK 内衣、PRADA 的外套和宝马香车了。

事实上对于这些高档和奢侈的东西，我手头仅有的也不过就是朋友送的两条 CK 蕾丝小短裤和一个 PRADA 的玩偶钥匙扣。

你可以骂我小资和虚荣，但关于物质，如果有条件，我认为刻意高档没什么不好，所谓一分价钱一分货，你拿满胡同都有的假 LV 包和真版的比一下就会明白什么是天壤之别了。

而且你也别跟我扯用假货和 A 货也觉得不错，你真的不想拥有一款限量版的 LV 吗？别说不想，简直是想得要死吧？只不过没有那个实力，不愿意嘴上承认罢了。

　　当然如果没有这个条件就别太奢侈了，比方说有的女子可以用三个月甚至半年工资去买一件名牌的衣服，其后剩下的日子里少吃减用将自己折磨得不成人形就太不应该了。

　　而我宁愿偶尔买一点奢侈品的小东西，然后买买时尚大刊看看那些新出品的大牌时装与香包，给当自己增长点见识，多一点闲聊时的谈资也就够本了。红颜流转，歌舞升平，我爱这样的享受与静好。

　　我还喜欢另一种"虚荣"，最少我认为这也是虚荣的一种。

　　比如有时我也会看一些并不喜欢看的书籍和电影，就像《非诚勿扰》和《叶问》，我并不觉得那电影好看，但因为周围朋友或报纸对它的评论口碑都很好，于是就会强迫自己去浏览完，没办法啊，总觉得知道多一点东西总是有好处的。

　　我计划明天要买的东西总是有很多，一支莱雅丹顿的眼霜、一盒欧莱雅的矿物质粉底、一套清水玲子的《辉夜姬》。或者还有要买别的，也许买不起，比如豪华别墅、宝马香车。也许还没有想到，比如一张好听的 CD 和一串忽然惊艳我眼球的项链……

　　女人似乎是永远不会对自己所买回和拥有的东西感到满足的，不在虚荣里沉沦就在虚荣里永生，这种愿望很美好也很毒辣，当然总有一些女人会与我的兴趣一致，是吗？

自信就是用喜悦的心情接纳自己

一个 19 岁的女孩喜欢上隔壁青梅竹马一块长大的男孩，可是，她很苦恼，因为两人从小在一块不是一起爬树摔跤，就是和谁谁吵架等等，反正是小狼狈无数，那个男孩子早就把她当成同性别的哥们了，就连她自己都觉得自己实在不像一个女孩子，不喜欢留长发，不爱穿裙子。

一天，两个人结伴去图书馆，在图书馆的门口，遇见一个身材高挑气质很好的短发女孩子，男孩情不自禁多望了几眼，女孩子问："你觉得她好看吗？"

男孩子回答："嗯，我觉得她头发上箍的蓝色发箍很好看。"

女孩暗暗记住了男孩的这句话，后来特地跑到类似"啊呀呀"、"唯美"等精品小店去搜寻那个蓝色的漂亮发箍，最后终于在"七色花"店淘到了那款蓝色的发箍，女孩兴奋地拿着那个发箍仔细地看着，嗯，海一样的颜色，发箍中间有一排银色的水钻在阳光下分外夺目地闪耀着，女孩下意识把发箍放在收银台上，从钱包取钱付账。

接着，女孩子很神气地走出了店门，边走还边想："我也带上了那个美丽的发箍，他一定会发现我也可以很美丽吧……"女孩子越想越雀跃，自信满满，连走路都把背挺得更直了，快乐如风的她一路还真引来了很高的回头率。

当她走进自己家小区门口时，那个男孩子要外出和她碰了个正着，一抬头，他略带惊讶地看着和以往不一样的她说："你今天真漂亮。"女孩子便更开心起来，这可是长这么大，男孩子第一次用漂亮这样的词来夸自己，原来自己也可以更美丽。

可当女孩回到家里，迫不及待想照镜子看看漂亮的发箍在自己的发间是不是很显眼时，才发现自己的头上根本就没有发箍的踪影，女孩子很焦急，想到底会把它丢在哪里了呢？为什么自己东西丢了一点感觉都没有呢？

最后，她忽然想起，自己匆匆忙忙地付账，根本就没

有把发箍从店里带出来啊！

　　事实上，自信就是用喜悦的心情接纳自己，自信的人能更好地发挥自己的潜能和魅力，令自己的神采更飞扬，使自己的言行举止更富有感染力。

　　女孩子误以为自己头上戴着漂亮的发箍而意外展现了从没被发现的美丽，所以，请相信，自信就是童话世界里能点石成金的仙女棒。

给自己画一对好看的眉吧

都说好看的眼睛会说话，其实眉毛才真的会说话呢，而且似乎所有的美与好都可以通过它的渲染来得到发扬光大。

一个女子的眉毛若生得好看便是眉如翠羽、眉似柳叶。

夸奖一名女子漂亮，你可以说她眉清目秀、眉目如画。

当她和喜欢的男子在一起，她的眼睛会眉目传情。

所以，如果身为一名女子而没有好看的眉毛，对于她的美貌来说是要大打折扣的。

但不是每个女子都生来就能拥有一对最适合自己脸型

或气质的好眉毛，像林黛玉那般多愁善感又尖锐的女子，眉
毛与眉心似有一个结，永远无法将它抚平，凄眉楚目，总给
人郁郁寡欢的感觉，悲入骨髓。

有的女子眉毛长比较稀少，看上去人就显得少了些精
神气；有的女子眉毛长得浓密而乱杂，感觉就很不清爽，有
的女子眉毛倒竖，像两把锋利的剑挺在眼的上方，给人咄咄
逼人和杀气腾腾的感觉；有的女子眉毛不够开阔，甚至有点
往下垂，你会觉得这样的女子像受惯了气的小媳妇，大概低
眉顺眼唉声叹气成习惯了。

幸好可以画眉，那句"妆罢低头问夫婿，画眉深浅入
时无？"的著名诗句更是栩栩如生地给世人描绘了一对恩爱
小两口浓情蜜意的幸福生活。

有的女子喜欢画上扬而锐利的眉，这会让我又想到一
个成语——眉飞色舞，这样的女子应该是自信而开朗，或者
性格里还有小小的倔强和嚣张。

今年流行的是略粗的，看上去自然慵懒的眉，哈，在
下的眉毛恰巧如此，这下竟让周围的 MM 好一顿羡慕。

当然最没意思的是那些没有主见的女子，天天追着时
尚报刊和某些明星的品位跑，硬生生把自己的眉毛改成了人

家的样子，至于是糟蹋了还是美化了自己的脸型或气质，大概就只有仁慈的上帝知道啦。

我有一个朋友因为懒得天天画眉毛，干脆就留起了正好盖住眉毛的齐刘海，我不得不佩服她懒得太有才了，虽然现在美容院里有仿真绣眉技术，可以轻易给你纹一对称心如意的好眉毛，但我固执地觉得女子画眉是件很有乐趣的事情呢。画眉的女子就像一个灵巧而写意的画家在自己眼上的方寸之地里，极其优雅而认真地完成着自己的作品，而她浪费了眉毛对于女子最大的作用，实在很可惜呢。

我自己最喜欢看的是温和而平顺的眉，像阿 SA 和孙俪的眉，弯弯的，喜庆的，不张扬，是静静泊在港湾里两叶轻舟，令人心旷神怡得很。

给自己画一对好看的眉吧，与面前的男子无关，是为了女子自己的娇俏和美丽可以在你的眉眼下熠熠生辉，或旖旎，或肆意风情……

戒烟戒酒戒情人

烟和酒能说明什么？爱烟酒的男男女女都是寂寞的吧？

男人在生活里是个大烟囱，我自是不会去喜欢的，但我喜欢看电影《2046》里梁朝伟吸烟，看他眉梢眼底尽是的忧郁在袅袅燃起的蓝色烟圈里沉思，烟一圈一圈地萦绕，他一动不动地凝神，我的心就一点一点地被他的孤独融化了。

也很喜欢看女人喝酒，当然是要浅吟细酌的那一种，有点妖冶地摇曳，爱过了，不爱了，痛过了，恨过了。一个女子的孤独是对镜顾影自怜的晦涩。烟或酒至少不会像男人那样轻易离她而去，如果没有人疼，就让烟酒来疼自己吧，好或不好，也抵不过感情的创伤吧？

风情的女人吸烟都是漂亮而妖娆的，比如舒淇，她或姿态优雅或醉眼迷离地点燃一根烟，然后吐气如兰地轻轻呵一口，眼神是迷离虚幻的，有种冷艳的孤寂。

戒烟戒酒应该是蛮艰难的事情吧，就像无法轻而易举地去忘掉一个人、一段云山雾罩的过往。可是，让女人和男人疯狂恋上烟酒的理由却多半是因为一次甚至又一次痛彻心扉的爱恨情愁吧？

张晓风说："爱一个人是一串奇怪的矛盾，你会依他如父，却又气他如敌，希望成为他唯一的女王，他唯一的女主人，却又甘心做他的小丫鬟……"

很复杂对不对？想得都令人头疼了。

烟酒花钱可以买来，而爱呢，要在对的时间不早也不晚遇见等你的那个人，还要恰巧那个人值得你用一生去守候……所以，还是建议，不如就戒了爱吧，这个看起来比较简单。

所以，如果不能拥有很爱或最爱，不如就让我们拥有很多很多的金钱吧？至少在某时银子还可以买到烟酒以及你

想要的物质啊！亦舒说：一个男人若是不爱一个女人了，她哭闹也是错，静默也是错，活着呼吸是错。同理，一个女人如果不爱一个男人了，恐怕也是横也是错竖也是错，那还留恋什么呢？天下何处无芳草？

呵呵，现在的情况是如果不能遇见你所期待的爱，如果你也觉得烟酒又不是那么利于自己身体的健康，且让我列一个戒情人的药方给诸位，以备情伤时参考，如下所示：

忘情水一杯，忘忧草两撮。

想某人缺点和恶习一百遍。

不爱你就是不爱你，一定肯定以及确定如上重复一百遍。

如果实在想哭，预备胡椒粉和洋葱若干。

有情不能饮水饱，饿自己三天，食物比想什么人都重要……

最后，以上所有前提，靠自己比靠别人强一百倍。

特此注明的是，本药方难在药引难寻，药引为：

1. 春雨、夏汗、秋露、冬雪、泪水为五水。

2. 酸、甜、苦、辣、咸、麻为六味。

3. 喜、怒、哀、乐、恨、悲、怨为七情。所谓一日不见如隔三秋，要在24小时里收集齐以上药方、药引方能成药，切记切记。

俗语有云：戒烟戒酒戒情人，哈，有毅力的同志不妨一试。

第二章

没有委曲求全的幸福

假如性爱的最终结合是跟爱情本身一样的神圣、一样的纯洁、一样的热忱的话，那么回避这种关系就不是美德。

——（法国）乔治·桑

张爱玲的爱情观并不值得学习

她叫张爱玲，她笔下的爱情从来充满了算计，生存排在第一位，其次是感情，再后为善恶，或者善恶于她来说，已经排到了第六、七位。

可是这样貌似活得精明而现实的人，却与胡兰成成就了一段刻骨铭心又心甘情愿的爱情。当时，胡兰成已是汉奸文人，她与他纠缠的那几年，有人连带着将她一起归为了"卖国文人"的行列。世人的唾弃于她来说，没有惊只有喜。或者恰恰应了她的做人哲学："一个人假使没有什么特长，最好是做得特别，可以引人注意。大家都晓得有这么一个人，不管他人是好还是坏，但名气总归有了。"

　　大概这个叫张爱玲的才女，追求的是一种特别的爱情境界吧，没有嫉妒与猜忌，没有独占与征服，懂一个男人，便连带着懂他的花心与多情。"你爱别人也好，只要你也爱我"，如此纯情谦卑的姿态，与她文章中的算计精明显然格格不入。或者人们在文字世界中所营造出的，永远是迷失的那个自己吧。

　　与胡兰成婚前婚后的三五年，她对他百依百顺，用自己辛苦码字赚来的钱养着他，而他的主要任务是不断与护士、房东谈情说爱，甚至张爱玲的闺密苏青他都没有放过。与其说这个男人多情，倒不如说这个男人实在是花心、滥情了。

　　或许，对于她，爱情就像是尘埃里开出的小花，即使是在她擅写不完美爱情的笔下，即使让她低到尘埃里，她也想在理想中获得永恒。生命是一袭华美的袍，上面却爬满了虱子，张爱玲自己也没有逃过这样的苍凉。

　　中国从来不缺乏爱情传奇，张爱玲和胡兰成的爱情也是爱情传奇里的一页。于是我愈发坚信但凡是传奇和传说的爱情，最终多没什么好结果的。

　　不信，我数给你听，苏小小的男人，叫她长怨十字街；杨玉环的男人，因六军不发，在马嵬坡赐她白绫自缢；鱼玄机的男人，使她嗟叹"易求无价宝，难得有情郎"；霍小玉的男人，害她痴爱怨愤，玉殒香销；王宝钏的男人，在她苦守寒窑十八年后，竟也娶了西凉国的代战公主……

还是李碧华说得妙：从来都是许仙胜白蛇，哪管她千年的道行……

不是你的，再好你得忍住

一个刚上大学的小女孩说她现在很烦恼很痛苦，因为她喜欢上了她那个风度翩翩、学富五车的中年男老师。每时每刻都想上他的课，都想引起他的注意。甚至认为老师的妻子那么胖怎么配得上老师，看到老师和他的妻子在一起散步都会莫名地生气和嫉妒。

我相信小女孩的老师很好很好，也相信小女孩现在真的很烦恼很痛苦，只是，懵懂地喜欢和深深地爱着是两回事。现在喜欢和以后爱着的不是同一个人，这也是很寻常的事。从青春年华逐渐长大的我们谁又会没有因为暗恋和失恋烦恼痛苦过呢？如果没有一点酸涩与小回忆，那样的韶华是不是也有点单调的可惜呢？

还有一个刚参加工作一年不到的男孩子，在单位里认识了一个长得很像林依晨的女孩子，心里喜欢得不得了，用他的话说就是一见钟情，非她不可。

只是当他满怀激情要开始追求那个女孩时，才知道原来那个女孩子早就有了一个关系不错即将谈婚论嫁的男朋友。

这个男孩子的情况自然也是很烦恼很痛苦，为什么自己和喜欢的人相逢得那么晚，为什么这么可爱的女孩子心里喜欢的是别人？于是越想忘了她，脑海里她的一颦一笑越是时时浮现，挥之不去。

有些情谊可以延续，有些情谊也仅仅只是你自己一厢情愿的相思，如果不需要回报，那你且可以无条件长久地去想一个人，如果要求回报，那就只有迅速回头，回头是岸，岸边会有另外的花草。

我很少烦恼和痛苦，倒不是因为追我的人多，而是因为我对于看不到结果的事情，是很少去付出太多情感的。

希望与失望是成正比的，那个人再好，他原本就不是你的谁，也不会替你抹泪或给你安慰，你何苦委屈和折磨自

己呢？

贺军翔是够帅气和迷人，可是喜欢他的人那么多根本不差你一个，你总不会因为喜欢他而非他不嫁吧？王力宏够才气和名气，可是你再爱慕他，他也不会认识你是谁啊！

有些失望是无法避免的，比如自行车爆胎，比如天要下雨，但总有些失望是可以避免的，比如，不要让自己去喜欢一个根本不适合你或者根本不会喜欢上你的人。

就像有很多书，很好看，但未必都适合你去阅读；有很多好歌，很好听，但未必都符合你的心情；有很多裙子，很漂亮，但未必都适合你的身材；有很多男人，是很不错，但未必都会喜欢你。

总而言之，真的不要太高估自己的实力和魅力，因为你毕竟不是人见人爱的人民币呀。

记住了，有些东西，即使再好，你也要忍住不去渴望拥有，否则到最后你只会糟糕地觉得：原来自己真的不够好。

你快乐怎么能代表我快乐

"你眉头开了，所以我笑了"，这好像是一句熟悉的歌词，下面紧跟的一句是"你眼睛红了，我的天灰了"，歌名如果没记错是《你快乐所以我快乐》，但天晓得这有多么的扯淡和荒唐。

他爱花天酒地，夜夜笙歌，打劫银行都没有什么关系？他快乐所以我快乐？

只要我爱他，剃头担子一头热，对他千依百顺，赴汤蹈火是应该的，他快乐所以我快乐？

他是个浪子处处留情，对我呼之即来挥之即去，我也

应该不犹豫、不哭泣，宽宏大度去理解，他快乐所以我快乐？

何况一个女子为了一个男人委曲求全到如此卑微的地步，真的很让人瞧不起。

所以我始终坚信但凡男作家的小说，多少会主观地把自己的爱情观强加给笔下的男女主角。"你快乐所以我快乐"，不过是他们一厢情愿想象出来的一枕黄粱美梦罢了。

尤其金庸先生的小说，那部经典的《神雕侠侣》中男女主角，先不说小龙女之木讷乏味，单说书中众女如小郭襄、程英和陆无双等如花似玉的女子，都一见杨过误了终身，就令人觉得很气愤。

这世界上有数不尽数的花朵，为什么那些漂亮的女子就那么倒霉，碰上一个男人不爱她，她还得死乞白赖地快乐着他的快乐，幸福着他的幸福呢？

到了《鹿鼎记》，遐想的境界就更高了。就韦小宝那么一个小混混样的臭小子，居然艳福不断。七个沉鱼落雁的老婆啊！尤其那个老婆里的双儿姑娘，对韦小宝之温柔体贴，处处以他为先的考虑，甚至帮着自己心爱的相公去追其他女人的行径，还真是爱到了令人匪夷所思的境界了。

我很小人地认为这是因为金先生心底的大男子主义很不一般，女人对他和一部分男子来说或许就是如此简单轻佻，不费吹灰之力就能使她们对你倾心不已，死活缠着你不放。

这就好比台湾偶像剧以及韩剧中拿白痴当单纯，拿着无知当有趣的愚蠢女主角，总能够得到英俊多金、人品高尚又可爱的男主角垂青一样。早点的有《公主小妹》，近一点的有《豪杰春香》《我的女孩》……那大抵也就是很多女编剧借用灰姑娘情节异想天开的胡诌了。

癞蛤蟆吃天鹅肉是妄想，同理，我从不相信灰姑娘如若穿得不是耀眼得体的衣裙、精致美丽的水晶鞋，王子哪只眼睛会看上一个灰扑扑的毫无魅力的姑娘。所以，灰姑娘和王子的见面根本是王子和公主的遇见，根本就不关灰姑娘什么事情的。

所以，你快乐怎么能代表我快乐？

男人意淫是因为那些蜂舞蝶绕、如花美眷一箩筐的想象能满足他们的虚荣心和成就感。而有些女孩以为单凭自己的单纯和善良，就可以让一个多金和英俊的高富帅拜倒在自己的石榴裙下，那真是太幼稚了。

男人对于现实的女人，更像是饭后甜点

有一个很伤男同志尊严的国外问卷调查里说：女人的购物欲、吃零食欲，都多过和一个男人恋爱和约会的欲望。

由此可以看出，现在的女人更聪明。她们有自己的事业和爱好，如果没有遇见合适的男人，便宁缺毋滥，她们还有双慧眼，早早就认清了某些男人的真面目，对于所谓情场浪子和死缠乱打的男人，她们一般会毫不迟疑地踢飞他们。但凡遇见喜新厌旧、见异思迁、薄情寡义的男人，她们通通躲得远远的。

看这架势，这世道真像是女权时代要来了，男人不用

头痛怎样去甩了现任女朋友，他们反倒担心是不是女朋友打算把他赶走了。因为聪明的女人都知道做女人最大的成就不是找个男人和归宿，而是独立自主，根本不稀罕求男人。

聪明女人对爱情的付出与回馈，讲究量力而为，而不是尽力而为。

衡量自己的能力，也要衡量对方承受好意的能力。

量力而为的爱情，既可以保留自己的实力，也不会给对方带来太大的压力。

人生有很多时候，需要尽力而为。例如：争取好的成绩，应聘一项工作，累积专业知识。但是，在爱情的互动上，不妨放轻松一点，量力而为就好，不必费尽全力。

爱，要爱得轻松自在，才会快乐。

千万不要爱别人超过爱自己。

最多，最多，只要"爱人如己"，爱对方像爱自己一样多就好。

不过男人们也别气馁，女人多半到了一定的年龄，还是想要嫁人的，长相厮守和白头偕老还是值得女人期待的。

　　所以，就委屈你们为形势所迫，做个天天向上的新好男人吧。你不必英俊，但得专一；不必浪漫，但得可靠；不必健谈，但得风趣；不必多金，但得不穷等等。

　　男人对于现实的女人，更像是饭后甜点，那是标志完美的句号——一切的丰盛大餐似乎都是为着最后妖娆出场的甜品的期待，一份绝伦的甜点会让男人骄傲：锦上添花的生活才真的可以让人有心满意足的成就感。

　　但假如正餐吃得很好，甜点却并不是必需的，不是吗？

二手男人要得，还是要不得

一个朋友最近遇上了一个事业有成、成熟稳重比她大十岁的男人，要说她对这男人的感觉还不错，可是又总过不了心里那道坎，原来这个男人曾有过婚史。用她的话说：我一未婚女被一二手男瞄上亏不亏啊？他的抽屉里一定摆着离婚证甚至还有前妻的照片……

关于二手男人，众说纷纭、莫衷一是。有的说二手男人不能要；有的则认为找二手男人省去了你培训他的过程——挺好。假如真有这么个二手男人也瞄上了你，你会有什么反应呢？

　　有一点我们必须承认的是，有些二手男人对于女人来说，身上的确有许多的闪光点，和没结婚的一手年轻男相比，他已经奋斗多年，有了比较强的经济实力，已经能够承担起养家糊口的重担，甚至可以让你过上衣食无忧的生活，这对一部分女人来说，是一个很大的吸引力。

　　为人处世上，二手男人也积累了最宝贵的财富，他会比你更成熟，考虑事情比你更全面，因为这样或那样的原因他已经经历了一次妻离甚至子散，那种痛苦只有他自己心里清楚，经验总是从经历的挫折里沉淀出来的，所以他不容易再犯一次同样的错误。因此，一旦再次恋爱，他一般都会小心翼翼地呵护这份来之不易的情感。

　　条件优秀的二手男几乎和一手男一样拥有年轻的皮相，良好的心态，却比一手年轻男多了理性和成熟的魅力，真该感谢那些二手男的前任，是她把一个穿运动衫，抹汗用脏手，抓东西吃的青涩小伙变成了一个穿简单白衬衫也儒雅大方的男人。前人栽树后人乘凉，说的就是这么回事吧。

　　甲之砒霜，乙之熊掌，有的二手男人并不是不好，只不过是他的前任不识货不珍惜罢了，他就像一块未被人识得的好玉，你如果是有慧眼找到这样的二手男人，自然他就是你手心里最温润珍贵的好玉了。

但不是每个二手男都值得你去依靠或托付终身。二手男人毕竟经历过一次情感的变故，他再次恋爱保不准考虑更多的是感情以外的东西，比方说两个人比一个人少了寂寞，比方说有孩子的就替孩子找个不错的妈。我承认也许他对于情爱的经验和技巧很多，很会讨女人的欢心，但天知道他其中的真心和诚意是多少呢？

相当数量离婚的男人却很久没有再婚的原因是他想找到更好的，也就是说他永远得陇望蜀。想想看，这世界的如花美眷何其多，二手男倘若不找到更好的死也不罢休，那你一旦和他谈恋爱，你会发现，有一天他的目光又飘向了远方。

虽然离婚让人痛苦，可人心是有免疫力的，时间也是治愈创伤的最好良药。一旦离婚的男人走出失婚的伤痛，他就将痛苦抛到九霄云外，反倒对内心的自由和无拘无束更多了一份坚定。所以，假如你和二手男有了矛盾，他就很难再妥协着凑合着过下去，因为在他看来，他时刻都准备着离婚的，离一次和二次并无什么区别，再次变成一个人也无妨，到时候剩下你自己欲哭无泪、悔不当初。

天干无露水，老来无人情，这样的二手男就像任性的小孩，永远学不会责任和稳重，他想什么便是什么，已经过了沉迷的年龄，他却还是做着一些幼稚不堪、自欺欺人的可

笑事情。

嗯，我说大实话了，二手就意味着"不新"和"旧"了，什么东西是旧的好呢？自然是古董和限量版的珍贵东西了。古董有赝品，限量版有假货，二手男人还真不好把握。

这就好比你买了辆有毛病的二手轿车，外观看上去还行，但一驾驶上路问题就来了，抛锚，刹车失灵，漏油……反正你时刻得担心它什么时候会出毛病进修理厂。

私以为二手男人是苹果树上的苹果，从自然规律来看，掉下来的苹果总有好有坏，有的正是芬芳馥郁，有的已经从身到心全部烂熟，能接住哪一个，全看你是否眼明手快和头脑清晰，一句话：没有金刚钻，别揽瓷器活。

每一种相处都会有难处

认识一个 24 岁的女孩子，恋爱半年时，她几乎每天都对那个追她的男孩子赞不绝口，从干净的笑脸到好脾气，无一处不好。也就八个月不到的样子，她却仿佛变了个人，一会儿抱怨男朋友太黏糊，一会挑剔人家工作不够好，反正从长相到能力，从 EQ 到 IQ 几乎都挑剔了个遍。

我一开始听了，自然要安慰她，爱情从来都是美丽又短寿，每一种相处都会有难处，只有缩小缺点、放大优点才能让一段感情不会轻易地结束。

可是平心而论，我是觉得这位女孩子也有诸多不是，也

可以说是给那个宠爱他的男孩给娇惯得身在福中不知福了，在我看来，她最大的问题是太挑剔，无论男女，但凡沾染了这个坏毛病，厌倦与伤害必定会随之而来。

地久天长的爱情，怎么可能会每一刻都激情愉快，舌头和牙齿都还有相撞的时候呢。所以在爱情里你可以要求完美，但不能从别人开始，而是要从自己开始。

完美自己，就是要学会忘记和忽略。特别是一个人处于优势的时候。忽略，是对别人的一种宽容，也是对自己的一种减压，是一种使自己活得更轻松、更简单的方法。

忽略男朋友不够高的事实，却能看到他为自己煮一碗小米稀饭的体贴；忽略男朋友偶尔不愿意陪你逛商场，不妨想想是不是自己几乎所有假期和周末都在做购物狂；忽略男朋友忘记了你的生日，不妨想想在你生病时是不是他不分昼夜地守护在你的身旁。

所以，有一点我可以确定的是，一段感情出现了问题，聪明的女孩第一个问题应该是我怎么了——去自省，而不是他怎么了——去把小事化大。

当然喜欢一个人很难，不喜欢一个人很容易，若是你已经下定决心要和某人摊牌说分手，那我就无话可说了。

在爱情世界里完全具有牺牲精神的女人不值得表扬

　　一个女人和一个男人同居了三年，可是，那个男人却一直没有要娶她回家的意思，哪个女人真的愿意为一个男人没名没分地同居一辈子？今年女人就快 30 岁了，于是危机感油然而生，一会儿担心他会不会喜新厌旧了，一会儿检讨自己会不会做得不够好，最后她分析出原因是因为自己不会做饭根本就不像个好太太，于是她决定为了那个男人去学烹饪。结果却很悲哀，那个男人在她终于学会了做一桌佳肴的晚上心平气和地告诉她：我们还是分手吧，因为我和你在一起没感觉了。

　　多么冠冕堂皇的一个推脱，他曾经那么热烈地追求着

你，甜言蜜语、赴汤蹈火、鞠躬尽瘁也在所不辞，现在激情燃尽，所有恩爱就不过是寥寥一句没感觉就完事了，从一个不肯再爱的男人眼中，女人所读出的不再是眷恋，而是无情与漠然。那个曾经许诺会一辈子对你好的人，如此轻描淡写便打算与你划清界限了。

女人一生最大的失误，就是一旦爱上某人就把他当做手心里的宝，全心全意地只想让他过得好。但是，男人，天生愿意做一个猎人，他们喜欢征服，如果这个女人过于千依百顺，他必定瞧不起你，不把你当做一回事。

所以在爱情的世界里完全具有牺牲精神的女人是不值得表扬的，因为想要把一个男人留在身边，就要让他知道，你随时可以离开他。当然前提是你自己得真有两把刷子，真离开他既不会肝肠寸断也不致饿死街头。而你越是对他好他越是瞧不起你，为他做饭熬羹汤，那又如何呢？他之前和你在一起也没有因为你不会做饭而不爱你吧？

因此，他也绝不会因为你为他洗手做羹汤就感动得热泪盈眶而不再谈分离。爱情永远是小说里想象的桥段才有那么美好，现实里的男人没那么容易感动也没那么好说话，他爱你可能不需要理由，若是不爱了，一百个理由都不嫌多，他可以讨厌你笑起来嘴巴张得太大，他可以嫌弃你睡觉时睡相太难看，他还讨厌你怎么会爱喝茶……反正他会鸡蛋里挑骨头，你在他眼里横竖都不会再不顺眼。

当一个男人不再爱你了，即使你为他做得再多也是无济于事的，所以，千万别相信那句老掉了牙的鬼话——要抓住男人的心，首先要抓住他的胃。

这世界会做的一手好饭菜的女人太多了，要凭这种本事拴住男人的心那不是优秀的女厨师才最有资格？

做梦去吧，大爷有钱了，天天下饭馆叫外卖，一点不耽误肠胃腐败，还能在乎你那点家常菜吗？要知道厅堂能显摆，远比操持一桌好菜更容易叫男人志得意满。你若能做让他敬畏的天仙，和你一块煮泡面他都知足的要死。煮饭的事压根就轮不到你。

所以女人想让男人高看你，倒是一定别做一年三百六十五天顿顿都下厨的专业煮饭婆。

要知道好厨子一般是不必经常亲自上阵的，咱只需在重大场合下，适时适地优雅地表演几下厨艺就足够了。切记就算你真的是贤惠能干能弄得一手好佳肴，也没必要日日下厨房的，好菜吃多了也就不过如此，他迟早有一天会对你的好手艺习以为常，就不会稀罕了。为什么不兴让某男偶尔也

甘心为你洗手做羹汤呢？至少要让他懂得两个人在一起不是非得谁伺候着谁的吧？

中国女人爱把男人当宝贝，总拿"让男人吃好喝好"当体现爱意的表现，殊不知"秀色可餐"这一个成语，足以让无数可怜的贤惠煮妇们丢盔弃甲了。

男人没有你想的那么傻

不知为什么，有些女人老觉得男人傻乎乎的，站在明处，任凭躲在暗处的女人指指点点。

她们天真地以为，自己天生善于表演，对男人稍微耍点儿花招勾个手指头，男人就分不清楚东南西北了。其实，我要说的是：我们小看了男人，我们这是自作聪明。因为世上从来都不缺少了解女人、沉得住气、外加同样儿具有表演天赋的男人。如果说男人有深浅厚薄之分，那么让我们难以对付的就是属于：深一些、厚一些的那种。若是功力稍差的女人遇上他，大概注定要碰壁了。

　　这种男人从不张扬自己，似乎喜欢竭尽全力捂住自己的触角。虽然他们的触角个个锋利无比。如此看似一般出场比如貌不惊人，比如不善言语，于是，女人便小看了他。

　　尤其是最初接触时，你也许会因为他的"平凡"而蔑视他，因为他看起来是那么不优秀不出色。于是，你放心大胆地打击他，不遗余力地挖苦他。这一切都是因为你不了解真正的他。你仁慈地想，给他打60分已是抬举他给他面子。

　　他呢？他其实是多么自信，他向来知道自己的底牌。当然，你几斤几两他也早已心中有数。在你觉得一眼看穿他时，阅人无数的他已经是很忍耐地在观察你，一再地给你机会。他暗暗给足了你机会，女人，却一直稀里糊涂地高高在上，不知深浅。他在心里嘲笑你：有的女人就是如此浅薄，浅薄到以貌取人，只看眼前，不管其后。

　　确实，浅薄的女人永远不会不懂，一个男人除了外表，更重要的是他的精神和内涵。他胸有成竹地一点一点展露出他的才华、智慧和实力，女人，就那么一点一点了解了他的优秀。于是，女人静悄悄地收回趾高气扬，换上谦虚和赞美。某男，看在眼里，心里更加不动声色地嘲笑。

　　我只能说有些本事的男人都是习惯后发制人的。他若还手，一般女人岂是他的对手？当你发现自己无药可救地爱上他时，已是他开始明白无误地拒绝之时；他说：你不配。
这种男人最绝情不过，他容不得你曾经的一点点儿轻视。

这样的男人深知这世上有：急功近利、急于求成、目
光短浅、虚情假意的女人，他是她们的死对头。浅薄的女人
遇到这种先礼后兵式的男人，注定要念着悔不当初和他擦肩
而过。

所以说，有些女人在肤浅地算计和刻薄男人之前，也
许该多点儿耐性看看自己的斤两，这年头，男人哪个是傻瓜？

他什么都好，除了你不够爱他

　　一个女孩子，与男友相处快两年了，男友在某一天和她谈及了结婚这回事，她不但不开心，反而是越来越矛盾，原来她发现自己并不爱他。而那个男孩子似乎一开始就有非她不娶的架势，几乎每天送她上下班，她嗓子疼他赶紧买来润喉片，她生气了，永远是他在说对不起……

　　问题是，一段感情若从来没有令自己有出嫁的冲动，那怎么会是爱情？

　　女孩子其实也觉得自己很愧疚，明明不够爱对方，却只是因为身边没出现更好的追求者，或者因为一个人太寂寞，对方又对她万事迁就心软了，觉得人家对她好的没话说，两人在一起的时间也不短，实在不忍心把分手之类的话出口。

和一个好男人说分手原来和接受他同样的困难。因为他的好会令这个女人柔软的心觉得愧疚，所以总是找不到适合的机会有离开他的理由。

是的，他什么都好，除了你不够爱他。好男人我相信这世界肯定有很多的，但你不够爱他这一条理由就足够和他分手了吧？

所以，女人如果对追求自己的男孩没有感觉，就应该果断地提出分手的要求来，一段拖出来的感情不过是鸡肋，食之无味，那么不如弃之的痛快，所谓长痛不如短痛，既省的浪费某男的精力财力也浪费自己的时间和青春。

爱情从来不是好人好心就会有好报，我相信这世间大多数的女人和男人都有和恋人闹翻和分手的情伤，但那又如何？一段爱情的结束，势必是另一段爱情的开始，一段情伤也势必会有一段新的恋情来医治，所以，一个女人如果足够聪明，分手就要趁早。

分手要趁早，其实是男女爱情里的人道主义精神，很值得发扬。你如果不爱某男却一直和他拖泥带水、藕断丝连，

那才是无趣，尤其到了人家都以为非你莫娶的阶段，那你简直是大有忘恩负义、喜新厌旧之嫌疑。

所以，该分手时就分手吧，这关系到自己和某男一生的幸福和责任，你必须有快刀斩乱麻的决心。记住，是必须。

至于分手之后，那你就瞪大双眼去好好寻找你的另一半吧，但请记得一个事实是：无论你的条件多么的好，也总会有一个人不会爱上你，就像你不会去爱上某男一样。

不要用爱一个穷男人来证明自己的伟大

　　她的身边曾经有着很多可以任意挑选的男人。这些人，在她的世界里来来往往，甚是喧闹，可是被众星捧月惯了的女人对于言听计从的男人总会瞧不上眼，她想要一个与众不同的男人恋爱。

　　她喜欢上一个家在异地小县城来这个城市打工的男人，恋爱的日子里甜美是有的，那个男人大雨天为了接她浑身淋湿冻到发烧，她不开心的时候肯陪着她漫步到天明。

　　男人钱不多，带她吃路边的水煮麻辣烫，情人节也只能买一枝玫瑰送给她，因为家里需要他的大多数存款，他还

有读高中的弟弟和没有读书的妹妹、多病的父母。

女孩子的父母知道了他们的恋情，要求他们赶紧分手，一个家境优越的独生子女去找一个在本城无一砖一瓦、家里又负担多的男人不是寻绳子吊颈吗？

越被阻拦的爱越容易自我感觉伟大。女孩子自然不会理会，就这样两人谈了一年的恋爱。到女孩子过生日的时候，男孩让女孩许一个愿望。

女孩说，最大的愿望是买个小小的房子，跟自己爱的人生活在一起。男人沉默了。其实以他的收入不是买不起房，至少付得起首付，每月还贷也不成问题。可是他还不肯买太小的房，说将来还想把父母接来一起住，甚至说至少买三室的，这样妹妹过来住也能有一间房。孝顺老人女孩能接受，可是他的计划里连妹妹也有份，却看不出对女孩有什么考虑。

于是女孩问他："如果我们有了孩子怎么办？"

男人居然回答："那我们就买四室的吧，或者干脆买复式楼。"听着他这样美好而又不切实际的想法，女孩子忽然发现自己眼睛好瞎，他怎么可以这么幼稚，即使不吃不喝十年也不可能完成的任务，难道去抢银行？

第一次她认识到自己错了，当初自己和父母抵抗完全是自己不懂事，而父母早预料到今后她会遇到这样的情况，她不是很能吃苦的人，和他谈一年的恋爱已经省吃俭用到极限，自己以前过生日多气派啊，生日礼物甜言蜜语一大堆，如今却在他租来的一个小单间里吃十几块钱的小蛋糕。他的妈妈生病了，他问自己借两万块钱自己都没有犹豫，但自己过生日他都不可以大方一点吗？想来自己能和他的家人比是不可能的了。想到要这样过一辈子，女孩子忽然胆怯了。

女孩终于提出分手，男人不肯，说下个月我打算带你回我家看父母的。女孩子说，算了吧，和你在一起累了，我操不起那个心。

是的，爱情犹豫了。说明爱没有那么坚定，与其将来磕磕绊绊，不如现在及早放手。虽然为爱吃苦是美德值得赞扬，但是没有足够的爱，在可以选择的情况下，何必自己高风亮节去牺牲？

年轻的小姑娘经常会向往一段惊天动地、虐死人不偿命的爱情故事发生在自己的身上，其实那些狗血横飞、可歌可泣的故事，看看就好，千万别去为谁勇闯天涯，爱上一个自己后来都觉得像笑话的人。

不是说没有钱就不能恋爱，若是心里有足够的爱就不

会这么理性，吃苦也就不会觉得苦，"有情饮水饱"也是我希望看到的美好爱情。但是，当你不够那么爱的时候，一个小问题就会成为你动摇的诱因，也说明你怀疑你的选择，不相信自己与他有把苦日子过好的信心与能力。

总有女人觉得自己与众不同，相信他是金子总会发光的，因此义无反顾地投入进去，但是交往中会发现若他不得志，贫穷带来的特点：斤斤计较或自卑必然会无限扩大。

所以，我又来说句招人骂的话吧，如果你有条件，而且又自认是个受不了苦的人，就不要找一个比自己差太远的人去恋爱。因为你没有必要让自己受那个苦。

注意，我不是说贫穷就不能有爱情了，关键还是你们够不够相爱。一句话，爱是相互的，他都没有过用心来温暖你，你也就没有必要赴汤蹈火不要命地去爱他呗！

第三章

哪怕遍体鳞伤，也要活得漂亮

因爱而受苦，那就爱得多一点吧。为爱而死，便是为爱而生。

——（法国）雨果

放弃渣男有那么难吗

朋友给我打电话诉苦：她发现自己的男朋友背着她还交往了一个女孩，最近更是一月两月有没见着他了。有一次，她忍不住发短信问那个男人："你真的就有那么忙？"那位某男半天之后回了一句话："反正我就是这样的人，你自己看着办。"

怎么办，那人的话都说到这个份上了，还会有多在乎你，摊底牌说分手不过是时间早晚的问题了，与其等着某男来宣布结果，倒不如咱先下手为强好了。

有些男人的确是一种很雷人的动物。明明身边有不错的女朋友，却总是得陇望蜀，老是和另一个女孩眉来眼去。

一脚踏两船，他也不怕掉水里，这风险有多高。

当然，假使你真的和他谈分手，他还能理直气壮地为自己解释：是那个女人非得对我好，我有什么办法呢？听起来还好像自己魅力有多么的了不起，所以才会有别的女人来投怀送抱。

但苍蝇还不叮无缝的蛋呢，这样的男人想必也就是为自己的喜新不厌旧找了些苍白的借口罢了。不过因为长时间的爱情缺乏了新鲜感，所以但凡遇到一个不一样的就心花怒放求之不得了。

我承认无论做什么，没有人喜欢输，如果毫无胜算，我们也不会去做某件事，就好像我们努力地去爱一个人，一定是愿意相信可以和他有美好的未来的。

但事实却是这样，爱情的开始总是甜蜜蜜。遗憾的是，往往对方身上最值得你爱的东西，最终也可能演变成最值得你恨的东西。浪漫会变为多情，善良会变成软弱，宽容会变为冷落。当岁月不幸实现了这些不好的演变，你该如何面对？

我的理解是，是他不珍惜你，就让他去后悔，能被人横刀夺去的爱多半也不是什么真正的爱了。如果你无法忍受某人的多情和自以为是，不如就痛快地和这种渣男做一个了断吧，继续在一起只能降低自己的自尊！

怎么样，姐姐我不陪你玩了，我也喜欢上别人了，所以我们各不耽误还是趁早分手吧。从此以后你爱和谁好和谁好去，咱不稀罕。

分手说不难过自然也是假的。然而要说离了某男就活不下去，多半也是自欺欺人或言过其实。一段感情的伤通常会由另一段感情来愈合，通常更多时候，我们长久地放不下、很难过的是自己付出太多，不甘心失败的自尊心受到伤害罢了，所以通常先开口说分手的那一个气势上也就占了优势，这种伤害的程度也就降到了最低度，因为甩别人总是比被别人甩要解恨许多吧？

人在江湖漂，哪有不挨刀，滚滚情场亦如此，问题的关键是你想做拿刀的还是被挨刀的主，所以该甩掉渣男的时候千万别顾虑太多。

被辜负的情场不相信眼泪，敢爱很简单，诚实地面对不被爱的现实才彪悍！一棵歪脖子的树不要也没什么好可惜，病树前头万木春，反正后面还会有一片茂盛的森林在等着我们欣赏选择呢！

恋爱时的姿态不可太难看

在某咖啡厅小坐的时候，坐我的对面的是一对貌似大学生或刚毕业的小恋人，男孩子问女孩子："午饭吃点什么？铁板牛排？"

女孩子摇摇头："不要，这里东西有点贵，还是吃薯仔饭吧，省一点。"

男孩子很温柔地笑起来："那我也省一点，和你吃一样的。"

所有千回百转的爱情都存在于小说或某时我们对爱情的憧憬里，多数平凡如你我的爱情，也就是在吃吃饭、看看电影、送送花等堆积的小事里盛开。但这真是很温馨的画面，我能百分百肯定那个女孩子一定是真心地喜欢着那个男孩，因为只有打心眼里想对一个人好，才会为对方考虑更多啊。

喜欢，是因为感觉；爱，则是因为值得。不管以后还爱不爱你，和不和你在一起，在一起时，相爱的姿态要尽量优美，哪怕他很有钱，能送得起你宝马，你也不应该想吃什么吃什么，想喝什么喝什么，享受着有求必应、一掷千金的奢华生活，因为毕竟他有钱是他的。就算你是他目前最在乎的那一个人，也记得给自己留有回旋的余地，千万不要在未来某一天，你和他因为这样或那样，那可就糟透了。

我只是打个比方说：恋爱时的姿态不可太难看，并不是提倡说少吃肉多吃素，少谈钱多谈情，爱情便战胜了一切真理的传说。

事实上女孩子在和某男恋爱后，要求总是会越来越多的，起初女孩和男孩约定，一天打一个电话就可以，到最后一天六个电话还嫌少；起初女孩过生日，男孩子送她一枝玫瑰也开心，到最后送她99朵玫瑰都嫌没创意；起初两人说好一礼拜约会三次没问题，到最后一星期见七天还黏糊。爱情的姿态太紧迫，女孩子越来越麻烦，麻烦地让男孩都诚惶诚恐、战战兢兢了。于是乎恋爱不断前进的结果居然是化甜蜜为腐朽了。

最好的爱应该是能让对方很安心地付出，微笑地付出的姿态比流泪付出姿态能更让人心安，微笑为对方煮泡面，微笑接受对方的丢三落四，微笑爱一个也许才华不多、却很爱你的男孩，微笑接受那个男孩的小冲动、小脾气。微笑接受你们没有别人的富裕和成功，微笑接受蚂蚁也有蚂蚁的小幸福——知足不贪婪！人家吃一碗还不饱，你俩是有一小撮食物就能乐半年。

态度决定一切，好的姿态就该有这么一种积极向上的态度。

但是，爱情中的男女，往往都无法真正做个洒脱的人，一切繁华，盛开是锦，凋败成灰。

爱着时或许还能尽量姿态优美，若是分手就没什么姿态可言了，横眉冷对，相互数落，咬牙切齿什么姿态都展现出来，实在可悲。或者只字不说，默默地离开，还可算是分手时优美的姿态的一种了。

当然就算绝口不提，说不定也只是因为懒得再提、心里怨恨的缘故。爱是一种恨爱交杂的毒，生长于荒僻的绝情谷底，却势必要在人们广袤的心上产生燎原之势。

你呢？是选择提，还是不提？

扔掉了错的，才有力气上路去寻找正确的

以前张爱玲说：成名要趁早。这几天看娱乐新闻，你不得不感叹梁洛施的传奇。声名在外的钻石王老五李泽楷曾经用一个亿的价格帮她摆平和英皇的合约纠纷，而现在在那张广为流传的一家三口的照片上，穿着一件蓝底灰纹宽大袍子的梁洛施，依偎在抱着孩子笑容甜蜜的李泽楷身旁，让瞠目结舌的看客们不得不感叹：入豪门也要趁早啊！

从这个标准来看，梁洛施太成功了。19 岁拿到影后，而这位新晋辣妈，才刚刚过完她 21 岁的生日。只是，梁洛施的成功，你可以感叹或羡慕却无法复制，因为这世界灰姑娘太多而钻石王老五的名额却太少。那些拳头大的钻石男们，

绝大部分都已名草有主，剩下的已经堪比濒危物种。

那样上下颠簸的独木桥，想必也不是任意女子可以过得了的。人比人得死，货比货得扔。与其做那样没有指望的黄粱梦，在错误的人身上用力气，不如收拾心情，整装待发，扔掉了错的才有力气上路去寻找正确的。倒不如认清事实，脚踏实地去寻找属于自己的碎石王老五。

碎石王老五自然是与钻石王老五相对比，他们没有让女人们仰视的豪门背景或丰盈的家底，和你我一样都是需要为丰衣足食、房子、车子、勤恳工作的人。碎石王老五也有潜力股，就看你有没有好眼力把他找着。不是谁都有含着金汤勺出生的资本，周星驰曾经是跑过龙套的宋兵甲，李嘉诚还是白手起家的……

好了，现在的问题来了，既然无法仰视，那什么是最有益的男女关系？

答案无疑是：平视。

其实平视也很好，因为我们像男人一样去努力，获取能与男人比肩甚至比他们更高端的职位，我们拿丰厚的薪水，有宽泛且有益的社交圈，性情坦率、热爱生命，自己花钱买花戴，自由自在。所以面对碎石男的追求与爱慕，我们也就

多了自信与从容，说白了，咱们都在同一起跑线上，少了门
当户对的压力更能互相尊重与理解。就算偶尔撒撒野吵个小
架什么的，也能理直气壮不是？

　　钻石男未必都是花心肠，碎石男也未必没有谦谦君子。
还是那句老话"鞋子合不合脚只有自己才知道"，有人愿意
在宝马车上哭泣，也自然有人愿意坐在自行车后座上微笑，
生活从来难两全。

与爱情敏感症来个了断

有些女人一旦爱上某个男人，是会为他沉迷到完全找不到自己的。

她一天至少要给男友打五个电话发五条短信，如果男友某一天忽然取消和她的约会，她铁定胡思乱想肯定对方是不是有了新的情人……

如果有以上的症状，那么你的确得了爱情敏感症，你会因为对方的某个细节的微小变化而让自己的情绪甚至言语产生天翻地覆的变化，并且让自己时常处于紧张焦虑的自我想象和疑神疑鬼中。

说实话，这种你爱到骨头里的疯狂感觉很不好，你的爱会让对方窒息到崩溃，你忽然之间的喜怒无常，显露着神经质情绪会让他心生反感和疲倦，对你就像待刺猬般要小心翼翼、左探右询，他还真不是一般的辛苦呢。

要知道你偶尔的生气和哭泣可能会让对方心疼，但生气和哭泣若和家常便饭一样寻常了，那就不是心疼，是头疼了，再生气下去哭下去，那你就一个人顾影自怜去哭个够吧！

说的更严重点，谁愿意自己的女朋友像阴魂不散的野鬼一样隔三差五地吓自己一跳呢？

有时候爱情敏感度偏低并不是件坏事情，聪明的女人都懂得适时把握爱情的火候，我说你在谈男朋友之前总会有几个熟人和朋友吧？所以你大可以和其他的朋友逛街吃饭，你也可以独自看电影、旅行，你还可以周末去学点十字绣或钢管舞……

举个例子吧，我的一位女友对前男友好到爆了，不仅工资给那个某男用，还对那个某男百依百顺，但，某男在和她谈了两年的恋爱之后，却不能再忍受她左一个电话又一个短信的猜疑，左三天右四天的哀怨，最终提出了分手。

"如果当初和他在一起时，我没有爱情敏感症般的折

腾就好了。"我的女朋友在痛定思痛后找到了问题的症结，是自己的沉迷和疑心。于是在开始新恋爱中，她奉行的恋爱原则是"不想念，只享用"，哪怕心里多在乎他，也不要让他看透自己的心思，最近她和她的新男友都好到谈婚论嫁了，很搞笑的前男友某天看到容光焕发的她惊喜不已，忽然恼羞成怒地跳出来要求复合呢。

由此可见，死缠烂打，拿着电话讲不够，天天汇报行踪，一日不见如隔三秋通常都应该是追你的那个男人要做的事。你若想一个男人视你为珍宝，就必须要学会若即若离，拿得起放得下的本领，而不是像一块无味的口香糖粘人又无趣。

赶快与爱情敏感症来个彻底地了断吧？千万不要相信死缠烂打和不离不弃会助你的爱情一臂之力，爱情就像两个拉着橡皮筋的人，受伤的总是抓得太紧不愿意放手的那个，要学会离而不弃有骨气，这才会让你过得快乐而扬眉吐气。

爱，不只有做那么简单

女人总喜欢在床上问男人爱不爱自己？男人的答案只有一个，而且你绝对能相信他的认真：我爱你，如果我不爱你的话，就不会跟你上床了，我不会跟一个没有感觉的女人做爱的。

女人千万不要为这句话沾沾自喜，换任何一个女人男人都会如此回答。

所以女人在床上谈爱情是最不理智的，第二天醒来看他冷漠的脸你就会发现自己又被骗了。女人永远无法像男人那么狡猾，他们像商人，把做爱当买卖，最廉价的爱，就是

一句话三个字而已，女人愿意听。何乐不为呢！

有时我真不明白，从古至今，女人都很小心眼，唯独对男人和爱情显得宽容，让男人更加得寸进尺，男人几乎永远不可能只对一个女人专情，即使我们伟大的诗人徐志摩亦是如此。徐志摩和张幼仪在沙士顿生活时，他有两年时间与伦敦的女朋友明小姐谈情，有一天还把这女人带到家里与张幼仪见面，给了她暗示，他要娶明小姐做二太太，至于之后徐先生还有陆小曼、林徽因等前赴后继的恋爱，简直匪夷所思。是的，我喜欢徐先生的《再别康桥》、《人间四月天》，但我实在无法苟同他的博爱与多情。

面对一个多爱多情的男人，如果说有什么方法可以算做惩罚又不伤害自己，"制造劈腿"这个分手理由是唯一的"葵花宝典"。

是的，老娘我喜欢上别人了，背后的另外一层意思是别人也喜欢我。那么，你尽管负心尽管觉得我不好吧，我不怕了。

女人明白了以上道理，依然不敢对这个强悍的分手方式心存顾虑，原因只剩一个——害怕男人因此而对自己没有了一点后悔与内疚。可是老大，他的后悔与内疚能当饭吃吗？

一位离婚女友闪电再婚，前夫忽然恼羞成怒地跳出来要求复合。"真没想到，我一直觉得他根本不在乎我。"说这话时，女友的表情如梦似幻又惊又喜，连眉毛都变成了夜光的。要知道在过去三年的婚姻中，她对那个男人可是好到了千分之一千，而男人却视她为粪土。

当男人不再爱你，那么，离开他的理由，没有比自己劈腿更光荣的了。如果运气足够好，而那个男人又足够贱的话，他甚至可能换副嘴脸，满腔热情地重新投奔你。

女人在爱情中的弱点是：痴心！痴心！痴心！重要的话说三遍。

女人爱上一个人之后，就忘记了爱上自己。在爱情的笼罩中，女人总是那么身不由己，然后又以为失控等于沐浴爱河，盲目地为爱情痴心一片。

其实，痴心，并无所谓。但女人，总因为痴心而伤害自己。你数数手指，你曾为多少男人枉痴心？到梦醒的时候你才肯承认："为了这个人，我浪费了光阴，甚至，我浪费了自己。"

就由今日开始，请把痴心化为个人享受，而不是一种对男人的奉献。

听上去不可思议？女人，都是只懂得放，不懂得收。

要学习控制痴心，首先，女人要懂得把男人定位。

找男朋友的目的，是为了令自己开心。而恋爱，是女人给男人一个机会，去令女人开心。

因此，女人恋爱的目的，是为了去享受快乐。而当女人对男人体贴、温柔，是因为女人自己享受这过程，以及明白，对男人好，能够换取更称心如意的爱情关系。

只有这种女人的自我，才能使女人免于在爱情中受苦。

一句话，女人控制得住痴心，就一定会在爱情中天下无敌。

失恋是一场生理周期的疼痛

有些爱注定不能修成正果，因为有爱情故事发生就意味着有失恋的事故开始……

失恋是一场不大不小身体事故，就像女子每月都会翩然而至的痛经，只是，有些女子身体底子好，可能就不那么疼痛，就像亦舒说的那样："情绪这种东西，非得严加控制不可，一味纵容地自怜自艾，便越来越消沉。"

真的，有些怨恨和痛苦在心里隐忍几日也就过去了，谁心里还没有点七零八落的无奈呢？男女之间，合则聚，不合则散，不存在谁欠谁的债。

而且遇见和再见本来就是人生里马不停蹄上演的戏码，不懂珍惜你的男人也必定不是最适合你的男人，天要下雨，娘要嫁人，男朋友成路人，那就由他去吧！所有的悲哀也终究会是历史，与其有时间去怨恨某人，倒不如学会自己为自己取暖，好好爱自己要紧。

打个比方说：如果你化悲痛为力量好好工作，也许老板看你积极工作效率好还会给你加薪或升职，可是，想一个已经不在乎你死活的男人，你除了在沉迷里溺水还能得到什么呢？

但是，总有一些女子是脆弱的，因为她爱一个人是鞠躬尽瘁奋不顾身的，所以，她必定会痛得久而辛苦一些，就像在月经不调的生理周期里不能抑制的疼痛。

能在悲愤里骂人的，还算不错，因为她至少还能有力气去诅咒某人。能痛哭出来的也应该恭喜和祝贺一下，因为，如果她还记得哭泣，至少证明她的痛还是可以有个发泄的出口。

最怕是那种疼得既哭不出来亦说不出话，只是那样面目苍白、欲说无力、七痨八咳，只能蔫坐或躺着的女子……仿佛疼痛的时间都能够将她轻而易举地置于死地了。这样的痛是非得寻医问药才能让她康复过来的。处方例如：打通她的七经八脉，务必令其七情六欲畅通为止，再配与止痛补血汤令其元气修复，直至其能哭能喊能骂为初见成效。

所幸，生理周期的疼痛并不是什么绝症亦非无药可医，好像还没有哪个女子会真的因为生理周期失调的疼痛就不打算活下去的吧？

如果不会，那与其半死不活地折腾自己，倒不如狠下心逼自己该干什么干什么去。越干脆利落越好，要活得有模有样的漂亮，总归得靠自己去争取的。

女人如果实在还想不开，不如把失业、失志和失恋相比较，你肯定会发现，失志和失业的后果远比失恋悲惨和严重得多了。

多一个朋友从来都比多一个敌人更划算

有个很好的闺蜜和交往三年的男朋友还是走到了分手的地步，原因很老套，该男劈腿，喜新厌旧交往上了一个小他八岁的新女朋友，闺蜜说：其实摊牌说分手的时候，非常想给他两耳光的，但转念一想，还是算了，因为她明白如果某男不要你，自己又是打又是闹，那么某男一定很庆幸没要自己是明智的。既然自己问心无愧，就该不拖泥带水，走就要走得漂漂亮亮，给他一个背影让他怅然去！

这个例子发展的情节依次是，闺蜜轻轻地走了，不带走一片云彩，而那个男人自此觉得自己亏欠了闺蜜什么，起初是遇到闺蜜就觉得很不好意思，半年之后，竟然来找她赔礼认错要求做闺蜜一辈子的好朋友，后来闺蜜自己开了一个广告公司，该前男友知道她手头有点紧巴，还主动要借款给她的公司应急呢。当然，我的闺蜜很有原则，心意领了钱自然是没借人家的。

如今，我的这位闺蜜，忙里偷闲，神采奕奕，再战情场，正与一位青年才俊甜蜜地交往着。

我真是喜欢看到这样的结局。当爱情已经是一场往事，与其用太多时间去恨一个旧人，不如用这些时间去爱一个新人，即使没有新人，至少也要爱自己。

分手自然是难过的。然而要说离了他就活不下去，多半是自欺欺人或言过其实。感情的伤可以很快愈合，通常时候，我们长久地放不下，难过的是自己付出太多，不甘心失败。这是一种特别折磨人的状态，举凡怨妇都是被这种状态折磨得两眼无光，面如土色。

我自然很是欣赏闺蜜的勇气与豁达，因为极少有人能好好地分手，如果真的能好好的，也不会至于到分手的地步了。

香港女作家林燕妮在和已故才子黄霑分手很久之后，但凡有记者提起黄霑，她总是严肃地告诉人家，不要在她面前提起这个人。我无比同情那些受情伤比较严重、不能自拔

的女子，其实何必呢！

所以你不得不承认无论优秀与否，多数的女人很难在分手伤心之际还能够淡定自若。更多的情况是她们对某男的负心耿耿于怀，有的更认为自己悲惨如秦香莲，而某男堪比陈世美，巴不得世间处处有包公，拿把虎头铡就把人家给剁了才舒心解恨。

说白了，男女恋爱的结局无非两种，一种是此生要一起去看细水长流，云卷云舒；一种是最终你们都成为了别人的某某，不再有纠葛。

每个人的一生，都会遭遇爱与被爱，也会遭遇辜负与被辜负，会遭遇被误伤，也误伤别人——爱情从来是一场豪赌，下多少赌注当初绝对没人拿刀架脖子上逼你吧？愿赌自然要服输，所以我们实在不必把事情做得太绝情或太难看。人在江湖走，谁知道哪天有个什么事就需要帮忙什么的，虽说不必每一场恋爱都要有所图，但所谓朋友多了路好走，多一个朋友从来都比多一个敌人更划算啊！

痛哭一场埋葬悲伤

夏天来了，这本是四季里最温暖的季节，可是，为什么我的手心却分明一片冰凉。

那个曾答应要陪我走一辈子的男子在这个夏天不见了，一声多可笑的再见，他不再属于我，只是，我多希望你会站在街角回头望一下我，哪怕就那么一秒，我也不会觉得你是那么一个凉薄的男子，但，你没有转身，只留给我一个越来越模糊的冷酷背影，这样也好，你可以无视我的哀伤而毅然远走，让我不得不承认在你心里我本来就没有我想象的重要。

幸福拉上了帷幕，悲伤将蔓延，我知道，我已不是他

的女子，我知道这样晴朗的天不适合去想念。可是，玻璃窗
上映着的是我流泪的眼，寂寞疯长，无可奈何的是我的疼痛
在蔓延。

伸开双臂将自己拥抱，我想假装微笑，温暖原来那么
奢侈，我给不了自己想要的依靠。

偷偷地躲藏起来，跟外界失去联系。在没有开灯的屋
子里闭上眼，倒着走，数步伐，也发呆，抑制不住的疼了，
就会哭出来。

像模像样为自己舔伤，放一些快乐或妖娆的歌给自己
听。我不是可怜虫，不是泛泛之辈，一个女子对自己的绝情
就是对自己的拯救，我毫不手软将和你有关的书籍、娃娃等
任何大东西、小玩意，一样样清理掉。

就是这样，我所接收的伤害，你所给我的伤害不过如此，
你不是我的谁，没有谁会是谁的谁，纵使我无法真的忘记你，
但请放心我会好起来的，我会心平气和地去埋葬悲伤，埋葬
你我所有的过往。

时间凝滞在某个午后二点，阳光耀眼无比。

忘记数自己经过了多少天的阴霾，现在我很留恋这样

惬意的温暖。

真好，我又可以优雅地去欣赏着街上行色匆忙的男男女女，可以面带微笑回应那些善意而亲切的笑脸，还可以轻松地接听任何一个男子的约会的电话了。

请相信，纵使下一场还是无疾无终的爱恋，我也会义无反顾如期赴约，因为我相信那些所有错过和离别都是为了成全我明天的幸福。拥抱的温度，倾城的浅笑，总有那么一个人，他会读懂我的好。

貌似素颜才是美的最高境界

天涯八卦的粉丝们喜欢在论坛里贴心爱女明星的照片，从高圆圆、刘亦菲到一些不知名的新人，然后都无比骄傲地说："瞧我们家女神的素颜都这么漂亮，她不是美女还有谁是美女呀！"

哈，真是天大的笑话，你真以为一个女明星会大大咧咧到什么化妆品都不用就敢出来给人拍照吗？

那些所谓街拍抓拍的"素颜"照片，我敢打赌大多数都是化了精致的妆容的。也许是没有涂睫毛膏，也许没有上招摇鲜艳的唇彩，但眉毛一定是好好描绘了的，当然还有一些法宝，BB 霜、粉底霜肯定是一样也不少。

所谓有妆胜无妆，人家追求的就是这个境界：你没发现我化了妆吗？哈哈，真是太好了，我就是一个天生丽质的素颜美女。这感觉真是太好了。

"天生丽质"这回事恐怕有还是有的，但拍成照片又不一定。早有人说，脸孔上镜的明星生活中不一定好看；银幕上的中等美女台下往往惊为天人。比如说在镜头前，小脸明星肯定比大脸明星占便宜多了。

咱平凡美女逛街用不着艳光四射，化淡妆是为了让自己和他人舒服。但是明明画着精致的"裸妆"却声称自己是素颜就有点虚伪了：明明关上门捣腾了至少一小时，偏做出一副"天生丽质难自弃"的大方样儿，也太有心机了吧。

有时候我倒还宁愿用一些闪闪的化妆品，故意捣腾得光鲜动人。杨幂出席典礼时就喜欢露出自己修长的腿，即凸显自己"腿玩年"的优点又达到引人注目的目的，何乐而不为呢？

化妆的目的也就是为了凸显自己的优点，算是帮助自己提升自信：我要让自己无论形象还是气质都更出众！自信就是要自己肯定自己，不是吗？

和女人的
世界好好谈谈

这么说吧，无论是女明星还是平凡如你我，化妆的最高境界就是看似素颜，似有如无。化好了是锦上添花，不但不丢人，还显得你精致又从容，那是技巧和本事，藏着掖着倒不如光明正大地承认来得自然和大方。

该甩耳光时别心软

　　一个被大家公认的才貌出众的女孩被她的男朋友给甩了，她委屈地在朋友面前倾诉：他工资不够花，我拿我的钱给他用，他妈妈生病住院他出差没空去，就我一个人辛苦地照料了两个多月……

　　当然一开始，这个男人对她还是不错的，几乎每天接送她上下班，曾经跑好几条大街去给她买她爱吃的鸭脖子，但是男人追女人在没追到手之前，谁又不是那样小心翼翼呵护倍至的呢？

　　问题是在追到之后呢？大多数男子大概会如完成了一

件盛大的使命般长长地松一口气，那些曾对女孩信誓旦旦地希望与承诺，成了女孩子一厢情愿、满怀失望的泡沫。

谁让大多数女子如果爱上某男，就愿意和那个男人在一起，从此有了死心塌地跟他一辈子的打算呢？

可是，物极必反啊，真是傻女孩，还不知道自己错在哪里了吗？还是亦舒说得好啊：我爱他，但是我爱自己更多。不自救，人难救，忍辱负重于事无补，只会招致更大的侮辱。

现在知道了吧？就因为你对他太好了啊，好到他认为你对她的好是因为没了他就活不下去，好到他已经认为你对他的好是理所当然天经地义，可是，你又不是给那男人当妈妈，有必要事无巨细地对他百般依顺千般宽恕吗？

有哪个男人在热烈地追求某个女人时，不是甜言蜜语保证一生承诺一世甚至三世的呢？

他不给女人许多希望和描绘美好的未来，女人会拉他的手跟他走吗？

但像男人这种动物其实多是属驴的，要驴磨豆的最好办法绝不会是给它挠痒痒吧？对，你要用鞭子抽它它才会知道痛，才会更卖力地工作嘛。

对一个男人太好太依顺，他就会找不着东西南北，还真以为自己就是貌若金城武，人长得帅又有本事不知天高地厚得意得要死，无数女子用眼泪告诉我们，愈容易得到的东西，愈不懂得去爱惜，愈容易失去的东西，就愈珍贵。愈想得到的东西，我们愈不能表现的太过殷勤，对你身边的那个男人更亦如此。

所以女人对某些男子好是没有错，但这好要好的有技巧，好的有所价值，对吧？

举一个笑话为例子吧：一个有点洁癖的男孩和一个小美女到影楼去拍结婚照，女孩的单人婚纱照旗袍照都拍好了，于是准备拍两个人的合影，可这个男人担心影楼的东西不卫生，死活不肯让影楼的化妆师给他化妆，横竖不想穿影楼给他准备的唐装和礼服，磨矶得女孩都不耐烦了。

于是女孩很优雅地说：你考虑清楚真的不打算穿那些衣服吗？

男孩点点头。

那好吧。女孩不紧不慢地说：还是我换新郎比较省事，要不另外找个男人来陪我照……

话没说完，男孩赶紧把摆在面前的礼服套在了身上……

哈哈，那些躲在一旁哭泣的女孩明白了吗？有趣的女子都会有点小坏和小花招的，男人会因为琢磨不透她的心思而更加喜欢她。所以，该甩某男人耳光的时候你就别心软，痛痛快快地甩过去就是了。

我们来一场吵架吧

女孩和男友在一起快一年了，相亲相爱的时候巴不得把对方揣在口袋里，吃个饭都是你一口我一口地喂，火气上来的时候又会为鸡毛蒜皮的事吵起来，比如男孩一个人玩游戏冷落了她，比如有她在身边还看马路上其他的美女诸如此类。

于是男孩子振振有词地辩解，女孩子不依不饶地纠错，就像针尖遇麦芒，结果自然是吵吵闹闹或不欢而散了。

热恋里每一件微不足道的小事情都会因为太在意彼此而放大许多倍，爱意和醋意一样的浓，有吃醋的资格才有吵架的气势，谁让你们要相爱？

　　这个世界那么五彩缤纷，吸引我们眼球的东西也不断推陈出新，每个人在心里都会有小小的色心和欲念，所以也会有小小的嫉妒、小小的痛苦和小小的愤怒。我相信女孩子肯定也有专注看韩剧冷落男友的瞬间，我更相信在某一时女孩肯定也偷偷看过路上更帅气的男孩吧？

　　所以小小的嫉妒其实是幸福，因为彼此相爱和在乎才会有嫉妒和痛苦。与其苦着脸把心事闷在心底，让爱你的人摸不着头脑地乱揣测，那么吵吵小架反倒是好事。

　　这样的吵架像你养着小猫和你玩耍时不小心地叮咬，会让你有轻微的痛，轻微的伤，但偏偏你爱猫如命，虽然嘴上会骂它几句，转身却又心疼的要死，连忙就把它抱进了怀里。

　　有权享受爱慕的美好，也得有接受吵架的事实，我们总是这样，在同学同事面前会大方处世笑脸迎人，偏偏和越是亲密的人在一起时，我们会很孩子气，得理无理都不饶人。

　　不过恋人的吵架是不记仇的，刚为一点莫名其妙的小事和对方生气，各自回家后却会开始想念对方，可能不等到明天，在入睡前就会打电话发短信和好如初了。

　　但是，这绝不会是最后一次生气吵架。吵架，生气，失落，想念，和好，这是所有谈情说爱里少不了的戏剧过程，也大概是世界上最矛盾的一种重复吧？

恋爱中的人都是精力充沛的，有活力的爱情，是需要适度争吵来灌溉的，喝点红酒兜兜风看电影跳跳舞都还不够刺激，那不妨，吵吵小架吧？

小小的吵架是福气，爱情疲倦了，才会没有感觉不在乎，如果你身边的人居然已经和你淡漠到无话可说，甚至连架都懒得陪你吵一吵，那才真是糟糕了。

爱情可以使一个人从错误、胡闹和无能中发现乐趣。

——（印度）泰戈尔

兔子不吃窝边草，闺蜜是那第一口

闺蜜，顾名思义当然就是"闺中密友"，是女人们对同性女友最亲密的称呼。我的理解是：你和她好到了亲密无间的地步，她自然也就知道你所有的秘密，对你的底细一清二楚。所谓物与类聚，你们彼此肯定有很多共同的兴趣和爱好，比如爱穿同样品牌的衣服，喜欢吃同样口味的零食，甚至连挑男朋友的品位都是大同小异……

最典型的例子是几年前热播的电视剧《奋斗》，那夏琳和米莱玩得多好啊，大学同学，平时关系铁着呢，一起逛街吃饭睡一张铺，还有钱一起花……可是结果怎么样呢？米莱男朋友陆涛的出现就让两个女人的友情顷刻瓦解了，夏琳

第三者的仇总会有第四者来报

一个女孩子，19 岁时喜欢上了一个男人，那男人 30 多岁，在城里有很好的工作，不错的收入，经济状况稳定，是前途远大的主。但问题是男人有妻子的，虽然男人说很喜欢她，给她买昂贵的裙子和首饰，但终没许诺给她一个名分。

女孩子到了 26 岁的时候就急了，青春里最好的年华都给了那个男人，无论如何得想个法子嫁给她。于是撒娇、流泪、生气、退避、怀孕到最后，她终于如愿等到那个男人和自己原配的妻子离了婚，并隆重地将她娶进了家门。

但不幸的是这个女孩和男人在一起生活不到两年，就发现这个男人又有了新的情人，夜不归宿和他身上女人的香水味似乎是一个更年轻的女子在和她刻意地挑衅……

半年以后，她的孩子未满 3 岁时，她的丈夫温柔地告诉她："我们离婚吧！"

我不厚道，首先想到的一句话是："第三者的仇总是会有第四者来报的。"对于喜欢喜新厌旧的男人来说，负心是会有瘾的，既然他当初能狠心抛弃原配，当然也能狠下心去抛弃第三者或者第四者，所谓"情意千斤，抵不上胸脯四两"，说的就是这个理。

而且说句很实在的话，一个年轻的女子凭什么心甘情愿去跟一个大她十几岁的老男人呢？无非是那个男人有不错的地位或事业，能提供给她锦衣玉食的物质生活罢了，原本在一起的动机就不良，再谈恩爱到老岂不是显得很虚假？

现实告诉我们，有些女人的人生目标就是希望利用不错的姿色钓到有钱的男人，来过不劳而获的好生活。现实也告诉我们有些男人喜欢不断地换工作，用来证明自己的能力，有些男人却喜欢不断地换爱人，用来证明自己够魅力。

对于存在钓金龟婿或有钱男人想法的女人来说，应该随时做好被"有钱男人"甩掉的心理准备，因为这些男人永

相反西门庆以此为荣，因为他有财富或本事令莺莺燕燕们围着他转悠。

自古只许州官放火，不许百姓点灯，男人可以坐拥三妻四妾，大蜜小蜜地为所欲为，女子却不可以去奢求一点属于婚姻之外的感情……是的，绝对不允许！

这就是男女有别的可怕。红杏出墙，意味着一个女人背着家庭去偷情，意味着你身旁的这个男子要戴一顶"绿色的帽子"，这可是中国男子觉得最丢脸的丑事情。他怕是宁愿你得个绝症什么的，痛苦地死去，也不愿意自己这一世在众人的说三道四里抬不起头来。

当然如果这名女子的手段高明，能够红杏出墙而不被周围的人所察觉，那是她的本事。但古往今来很多事实告诉我们，红杏出墙的女人是没有好下场的。

不过已经是有夫之妇就该好好地过日子，如果实在是日子过不下去了，例如你的男人对你不好又花心又没品，那咱就先跟他摊牌离婚，再去寻找自己的爱情也不晚。因为我们所处的大社会氛围以及明辨是非的标准，决定了女人是万不能红杏出墙的。

如果非要出墙，那么她将会为她一时的欢愉付出惨烈的代价。比如婚姻破裂，众叛亲离，个人名誉一落千丈，有可能一生都活在流言蜚语的包围之下。其后，若是真要找个好点的男人再嫁，也是件不容易的事情。因为对方也怕你是不是真是一个水性杨花的女子。

艳遇，第三者，离婚……大概是这类故事的开始或结局，只不过多数的女子总是感性而多情的，她们懂得利弊也珍惜自己眼前的幸福，所以对于一段感情即使向往也不过就是想想罢了，但有的女子却是任性而不顾一切的，所以她会明知不可为而为之，甚至为了一时的痛快而去飞蛾扑火。

有时候想想潘金莲也不过就是一个可怜的女子，世人皆骂她不知廉耻，可是若她有机会自己选择，嫁的又是她打心眼里想嫁的那个男子，比如武松而非武大郎，或许她也会贤良淑德，有不一样的人生吧？

　　归根到底某男肯对你好，无非两个原因，第一、他天生品性好，会心疼人；第二、他爱你。可他爱你，也不全是因为你本身有多么好，只是因为你刚好是他喜欢的那杯茶。所以女人也大可不必自以为是，自视甚高，天真地以为自己真的多么优秀，多么了不起。

　　小人得志从来短暂，因为他的张扬与跋扈会树敌无数，同理，假使女人仗着所谓的爱，一味地无理取闹瞎折腾，视男人的忍耐付出为理所当然，视对方的殷勤周到为天经地义，稍有不如意便恃宠行凶。我只能说这世界有很多东西是很容易失去的，比如青春，比如男人已变的心。花无百日红，爱情于男人而言多是一阵风，他们绝不肯把秀丽江山或一生的尊严换取一份爱情。就算恃宠行凶的女人是东风，可过了这阵东风，还总会有西风或南风或北风，你总有一日会失宠失势的。

　　就算某男是善良的"喜羊羊"好了，可"喜羊羊"被逼急了也会咬人的，因为我们都知道物极必反的道理。

　　如果你想要长久而稳定的爱情，恃宠行凶从来不是一件好武器。偶尔恃宠而骄的彪悍可以是一把手枪，你可以虚张声势地使用，但得小心擦枪走火，这"撩拨"的技巧在于分寸的掌握，该出手还是该住手，那就只有看个人的悟性和道行的深浅了，有一点是确定的：勿过度。

鱼玄机——被妒火中烧的女子

鱼玄机，她是生于唐朝的美丽女子，而且还是才华横溢的美丽女子。

但事实证明无论多么聪明的女子只要是被爱情冲昏了头，不过都是傻子和瞎子。

在她年幼的时候，她还叫鱼幼微，很好听的名字，5岁诵诗，7岁习作，十一二岁就已经小有名气了，是大诗人温庭筠的学生。据说鱼幼微是颇有点喜欢上了老师的意思，但无奈温庭筠思想纯净又很有原则，最后做了一把媒人，把她介绍给了长安的名门之后李亿。

聪明的女人眼力准

曾经有人问美国耶鲁大学哲学博士傅佩荣：三个女人，一个漂亮，一个能干，一个聪明，你选哪一个？

傅佩荣回答：我选择聪明。聪明的女人知道什么时候该漂亮，就会打扮漂亮的；也知道怎么变得能干，做事情很有效果。聪明这种内在品质，具有无限扩大的可能。人会衰老，人老了没有漂亮的；又不是当菲佣，不需要那么能干。

细想，其实这也是多数男人交往女友的心愿。绝色倾城听起来，看起来都很好，但这年头谁也不比谁傻，你来我往谈恋爱又不是拍偶像剧，美不美实在抵不上两个人在一起的舒服和自在，对吧？

眼高手低的美女们往往觉得自己是独一无二、人见人爱、花见花开的主儿，因此往往高调张扬、盛气凌人。但纵观身边的精品男人，往往都被那些看起来貌不惊人的女子们抢走。这是为什么呢？有个词叫低调的奢华，那些能眼准手快将精品男人抢到手的女人，其实早就练就了一种功夫：看上去温吞如水，却懂得绵里藏针的技巧。但这种智慧是不露痕迹的，只能慢慢体会。所谓无招胜有招，也不过如此吧。

这样聪明的女人都有自知之明，她们看上去通常都会有点小迷糊和小傻气，会犯一些低级的错误，比如钥匙在手上却四处找之类。她们也知道人外有人，山外有山，轻易不会给自己树敌。当然，她们更知道自己是什么样的个性，需要什么样的人，然后去找跟她能够配合的人。快乐不是逆流而上，而是顺流而下，青蛙变王子也有可能，情人眼里的西施怎么看都很美。

所以幸福没有范本，爱需要投递给正确的人才有价值。聪明女子的小心机就是眼力准，能够选对人，好比卓文君和司马相如夜奔，成就了一段千古的佳话与传奇，而杜十娘将爱给了李甲，便赔了钱财又葬送了自己一颗真挚热烈的心。

明自己的能力；有些男人却喜欢不断地换爱人，用来证明自己够魅力。习惯有好有坏，当喜新厌旧成为了某些人毫无责任感的习惯，你该如何是好？

但愿人长久，千里共婵娟，大多数时候是人们对爱情的美好的心愿而已。但愿这生，你永远是他的婵娟，可以只为他守候。其实也是一件很不容易的事情啊，所谓"情意千斤，抵不上胸脯四两"，因为极有可能对方早就结识了一个比你更年轻更漂亮的新欢，正着急地等着和你摊牌谈分手呢。

所有的新欢都有可能成为旧爱，没有早一步，也没有晚一步遇见了要遇见的那个人，在遇到之后也会有很多的变故与意外，要不形形色色的婚外恋还有那些关于"小二"或"小三"的花边逸事怎么会屡见不鲜了呢？

或者只有潇洒以及故作潇洒地全身而退好了，保全一些金钱和一些体面，因为咱根本就没有必要为这样的人委曲求全或寻死觅活的。不就是换新欢吗？这又不是什么高难度的技术活，咱也会！你也可以为自己的幸福再寻一个去啊，只是这一次切记，眼睛要放亮堂一点，看人一定要准确一点。

第五章

我是爱你的，但你是自由的

别，无非是男人在三年五年六年时翅膀还不够硬朗，又或者彼时他们还未挣得可以潇洒见异思迁的资本和地位……有句关于有钱男人的玩笑是这样的：没钱之前希望有车有房有妻，有钱之后呢？换车换房换妻。

瞧，多么完美又多么残忍的理想。

女人于这样的男人算什么，真的是旧衣一件罢了，爱上这样的男人是女人的悲哀，因为有一个七年之痒，谁敢担保就没有第二个甚至若干个七年之痒呢？

一个女子有多少个七年的美好韶光可以这样被无情的男人去蹉跎？

还有要命一点啊，有些单身男人根本没有准备和哪个女子结婚的打算，他们和女人在一起本来就只抱着同居的态度，这样多好，冷了有女子的温香软玉可以抱满怀，热了有女人的冰肌玉骨可解渴，一来没有束缚感，二来随时都可以和任意女子开始和结束。

摊上此类负心男人的女子们除了叹一段遇人不淑，又能拿他们怎样呢？一哭二闹三上吊显然是最愚蠢的想法，不就是个次次的男人吗？最坏打算，分手就好了，男人可以把女人当旧衣服爱穿不穿，咱也能把这样的男人当饮料啊。想喝就喝口，不想喝，直接连饮料带瓶罐扔垃圾桶得了……

所谓林子一大什么鸟都有，所以女人们不得不承认，责任感是某些男人毕生也学不会的功课。

算了吧，我依稀记得好像是张小娴说过一句话：有道是不要脸比要脸难呢。

所以，我们就不去计较负心的男人通常记性都很糟糕吧。因为对于他们来说往事不具有任何意义，谁让他们的眼里太容易有新的容颜覆盖，由来只有新人笑，谁还管旧人哭呢？

也许从来山盟海誓都只是女人一厢情愿的心愿，花花世界，到处都是暧昧和诱惑，所以，还是让女人自己来学习吧，学习为自己挣一口气，要学习对负心人绝情，要学习微笑离开，学习让自己活得更精彩。

有句话说得很好：爱情似一场感冒，一阵寒一阵热，没有治好的灵药，但也不会致命。

七年之痒有什么好悲凉，已变之心，如已凉之茶，倒就倒了吧，谁还真稀罕！

问世间情为何物，只不过是卤水豆腐

　　有句玩笑话叫做：问世间情为何物，只不过是卤水豆腐。谁能把豆腐做得色香味俱全，谁就能赢得对方的心。这句话虽然是玩笑，但的的确确道出了爱情的真谛。所以，要让别人爱上你，最首要的任务是先打动她或他的内心，说卤水豆腐更为和谐。

　　一个女人，如何可以爱得清醒并和谐？

　　秘诀是：了解身为女人的弱点。

　　女人在爱情中的弱点是：痴心与依赖。

女人爱上一个人之后，就忘记了爱上自己。在爱情的笼罩中，女人总是那么身不由己，然后又以为失控等于沐浴爱河，盲目地为爱情痴心一片。然后自己都仿佛不是自己的，笑着他的笑，悲伤他的伤。

其实，痴心，并无所谓。但女人，总因为痴心而伤害自己。你数数手指，你曾为多少男人枉痴心？到梦醒的时候你才肯承认："为了这个人，我浪费了光阴，甚至，我浪费了自己。"

至于依赖那更是离谱，我就不信某男三天不理你你活不成啦。那成语真害人不浅啊，一日不见如隔三秋，你有那么闲，不如当志愿者去，真还当他是呼吸的氧气不成。

所以就由今日开始，请把痴心化为个人享受，把依赖两字从字典里抹去，你的存在不仅仅是为了和某男恋爱。

女人，不仅要懂得放，更要懂得收。如卤水豆腐的特征——温润如玉。

女人在事前说：不会找比自己小的。很多男人也说：不会找比自己大的。

但是，一旦爱情来临，曾经的立场和戒备即刻失效。真爱永远是没有道理可寻的。比如，有一部电视剧《新结婚时代》里：姐姐——简佳（梅婷饰演）对弟弟（顾小航）的猛烈爱意在开始是缺乏信心的。她的隐忧顾忌：一是担心自己现在还有美貌，很快就会青春年华逝去了怎么办；二是担心顾小航还年轻，可能还没定性，以后他变了怎么办。简佳有现代女性的新思想和勇气，但也有传统规则影响下的怯意和迟疑。她所担心的问题是大多数女性都会担心的问题。

是啊！怎么办？往往由来已久的顾忌隐忧和现实挂钩的，大多数男人基于本能都喜欢年轻的女人，其实女人何尝不是喜欢年轻些的男人呢？青春的恣意和新鲜毕竟是生命中可贵的东西！当身边的女人或男人不仅和自己同随年华老去，而且还走得更急更远，男人或女人，其审美和感官享受同步落实，还是另辟新天地？

靠责任和道德束缚及调整——当然是个路线方法，但是，女人和男人比较起来而言：女人自身可能要承载更多的压力和顾忌。

所谓：人有多大胆、地有多大产——这话用来诠释"姐

弟婚恋"似乎俗了点儿，但是话糙理不糙。姐弟婚恋——既然是对传统婚恋规则的一个小突围，它必然需要的是：勇气和果敢、勇敢和温暖。

姐姐弟弟恋起来和哥哥妹妹恋起来其实都一样，中心思想都必须是——你在我心中是最美。

爱从来就是一件百转千回的事

有一句很老套但是很必须的话是这样说的："世上幸福的家庭都是相似的，而不幸的家庭各有各的不幸。"

当女人还是在女孩的豆蔻年华里，她对爱情充满了风花雪月的向往，巴不得能谈一场轰轰烈烈的恋爱，每天都是情人节，玫瑰，甜言，蜜语，惊喜，东边日出西边雨，爱情永远在保鲜期。

但这世上没有那么多的爱情传奇，大多数男男女女的爱情故事都是在一点简单和小曲折里走向婚姻的殿堂，没有谁的恋爱会真的让一个城市在顷刻间坍塌。

　　看过最感人的爱情是我的一对邻居夫妇，他们是已经花甲的老夫老妻了，从前，他们每天早晨六点会风雨无阻地一起晨跑，老夫通常会轻轻地拉着老妻的手。可是那天起，老夫忽然患上了老年痴呆症，记忆力大减，大小便也不能自理了。每一天，老夫和老妻还是会手拉手地出来晨练……所不同的是，从此是老妻拉着老夫的手，你如果看见老妻很温柔地帮老夫擦拭嘴角边的饼干屑，你一定会有想流泪的冲动，那样的宠溺和爱怜的眼神……

　　真正的爱情就应该是这样的吧，能和一个爱你懂你的人长相厮守到白头偕老，在互相的鼓励和搀扶里追寻一份生命的完整。每一天，在彼此映着幸福的笑脸里道早安，满怀欣喜为他挤好牙膏，做好早餐，下雨天出门，他会心细地为你撑起一把伞，如果哪天他出差或晚归，你会情不自禁地担心和牵挂，如果电话没打通，你会心神不宁：是手机没电还是被偷了，天这么黑，会不会出什么意外？然后，各自疯狂地想念着对方，看着他或她完好无损地终于回家，所有的担心便抛之九霄云外，也许你会给他一个温柔的拥抱，也许，你只是轻描淡写地说一句："回来了。"

　　当然，牙齿偶尔也会咬到舌头的，你们也会为琐事拌个嘴，吵吵架，可是总有一方会先醒过气来，给心爱的人赔个不是。很快，你们就会和好如初了。

　　每天和自己喜欢的人在一起，每一晚枕着彼此的呼吸踏实入眠，每天睁开眼就能看到你熟悉的脸庞，每一个生日、情人节、新年都在彼此的祝福里一起度过，每一天将这样宁静的幸福重复守候着，每一段完整的爱情都是在这样温馨的重复里不断被验证，总有一天你会明白现实安好是件多么令人欣慰的事情啊！

　　如果，有幸你也在恰当的时候遇见了对的人，但愿你们可以战胜长长的光阴，和心爱的人重复着真实而过往的日子，无论世事沧桑，无论富贵贫穷。

无理由离婚谁做主

还记得电视剧《中国式离婚》里蒋雯丽塑造的那个捍卫婚姻到歇斯底里的中年女人形象吗？到了一定年龄的女人大概对婚姻会有一种依赖感，所以我个人觉得能把离婚这事看得风轻云淡的还是年轻人居多吧。

"无理由离婚"本来就是一种对婚姻以及对人们固有道德感的挑战。对这些标榜着个性和舒服的男男女女们来讲——合则聚，不合则散，是他们在一起过日子的一种默契和前提。

或许这也是浮躁年代里人们对爱情的不信任。每人都是寂寞的，每个人都是有需要和被需要的，成年人的爱情再不会像初恋时那般缠绵和刻骨，有多少人能扪心自问地说——对方是自己最爱的人？

现在不是流行说七分饱的爱情。为什么不是十分呢？

因为还有三分的爱要用来疼自己。在他们看来即使再相爱的人，也是两个独立的有思想的人，两个人即使再亲近，如果有一天彼此觉得不自在了，没有共同生活下去的意思了，那就不如把你的空间还给你，把我的自由还给我，当然不会有老死不相往来的结局，因为我们在这场婚姻里还是有过甜蜜过往的，所以再见亦是朋友。说起来很容易，可是你可以做到吗？

我的一个女朋友，在结婚前就和比她小两岁的男朋友同居了一年多，在一个国庆节两个人热热闹闹地结婚了。结婚初始，女朋友还向我无限憧憬地描绘着她想先努力工作，以后买带花园的房子，再生三个孩子，一家人其乐融融在种满桂花树的院子里嬉戏的美好光景。我当时还想凭他们两个的实力，所有的理想在不远的未来是都能实现的。可是半年后，在一次朋友的聚会上，我才知道两个人居然一周前就悄悄地办理了离婚手续……

我问女朋友：你不爱他了吗？怎么好端端就离了呢？

女朋友答：不是不爱他，是更爱我自己，如果两个人在一起生活得不够快乐，不如离婚做朋友还可以更长久。

就是这么简单！不够快乐了，就放手，去寻找能让各自更快乐或幸福的方法。

这大抵就是他（她）们的爱情观吧，套用一句广告词：我的地盘我做主，自己的婚姻当然是要自己来做主。他们从来不是以"去到尽头，用尽全力"的方式来爱对方，你可以说他（她）们爱得洒脱和自由，你也可以说他（她）爱得不够投入不够勇敢。

既然生命是一种过程，那么你有选择过得洒脱干脆，也可以选择过得平淡隐忍，但重要的是你要对自己的选择负责。离婚终究不是儿戏。

愿上帝保佑这世道上所有不景气的爱情和婚姻。

花痴也是病，蠢起来会要命

闺蜜晚上睡不着给我打电话：无端端和一名男子一见钟情了，相遇时的眼神是彼此沦陷的海洋，闺蜜还是有理智的，因为她清楚地告诉他：请不要爱我，因为我喜欢平静的生活。

可是那名男子还是会在她的眼前来来去去，时常他会邀请她去吃吃饭、跳个舞，当他的唇似有还无地掠过她的发梢与额头，闺蜜的心里有燃烧的火苗在雀跃，她终是无法去拒绝他的亲昵。

但是他是"千堆雪"，她却是"长街"，只待日出之时，便是离别之期，这样的爱情，更像是偷情啊，没有明天注定

只是一场短暂烟火的表演。

其实我能对她说些什么呢？感情的事情没有谁能操控
和预演，一见钟情如果能提防或许她也不会有今夜无眠的烦
恼了。

可是，两个都是有家庭的男女，若是他和她真的义无
反顾了，必然会有殃及无辜的伤痛。

我是个刻薄的人，自然希望闺蜜能度量一把爱情的深
浅去量力而行。所以，我会对她说你是不是因为生活得太过
风平浪静，所以要寻求点刺激啊？你把他当痴情没准人家只
把你当艳遇呢。没有这个男人你会去死吗？如果会，那还有
什么好顾虑的，把家里搞得天翻地覆、人仰马翻，该离婚离
婚该甜蜜去甜蜜好了，如果不能，那就守着柴米油盐酱醋茶
的安稳生活别瞎折腾去。

再说那名与她一见钟情的男子若是真的把她爱在心坎
里，又怎么会忍心打搅一个家庭的完满？若他硬是以爱的名
义来招惹闺蜜，我是会对这样的男子百分之一百的鄙视的，
你又不是自由之身，凭什么去对家里之外的另一名女子奢谈
爱情。那么我倒是很好奇，他是打算对两个女子中的谁始乱
终弃呢？我敢打赌，半数以上的男子不会为自己所谓的婚外
情负责，不过是男人的贪心在蠢蠢欲动罢了。

　　就算你们所遇见的是爱情吧，当初和各自的另一半恋爱结婚难道都是被别人赶鸭子上架逼着嫁娶的？彼时的卿卿我我和欲罢不能怕是和现在的状况如出一辙吧？不过是爱情如红颜弹指老啊！

　　没有规矩还不成方圆呢，明知不可为还是不去为知的好，有些爱如果不合时间与时宜，就应该安安静静地放在心底，就像人们美丽的愿望，有的愿望是可以去实现的，有的也仅仅只是愿望而已。

放过爱情吧，它还是个孩子

我承认我交往过一个比我大八岁，却依然像个小孩子一样的男人，他可以玩三国无双的游戏二十四小时不睡觉，明明单位有重要的会议，他却因为忽然的心血来潮，不刷牙不洗脸不上班，最要命的是他还有无限的爱心喜新厌旧得飞快。

和他的恋爱回想起来真的是触目惊心，整个过程可以用"累死人"三个字来形容。天知道我当初怎么会有那么好的母性与耐心来教他长大。

所以我确信有些男孩子是一辈子心智都不会成年的，没错，也就是说他们一辈子都会是男孩。或者把他们叫做资深少男也未曾不可。

对于这样的资深少男们来说，他们的年龄也会增长，体重会增加，牢骚会增多，但他们的心智却还是一直会逗留在"男孩的阶段"。不管沧海如何变桑田、红尘怎么热浪翻滚，他们永远只在乎自己是不是玩得开心，却永远学不会照顾人，体谅人，身边的女友们来了又走，走了又来、红颜弹指老去，物是人非了，他们大抵也不会珍惜和感动。

有反面教材，自然也有正面教材。

还有一种长不大的男孩，是指那些像花一样的男人神奇得仿佛不会老，他们有年轻的心态和迷人的性格。我一准能想到的是赵文瑄那张温润如玉的脸。套用某天涯同志的话：犹记得初见小太平掀开昆仑奴面具时我的惊艳，实在是帅哥啊，美人啊，那眉眼那五官那气质，真真是前无古人后无来者啊！

最为神奇的就是这样一个优雅的男人竟然有很孩子气的可爱，他没有乱七八糟的绯闻，你也没有看过他今天伤了哪个女人的心，明天和哪个女演员戏假情真。他是个有原则的人，演戏只是工作不是全部的生活，但他，演戏时却又很认真，会为了记得住台词去从头到尾认真地抄剧本。他用独特的个性和才华证明了自己不仅仅是一个长得帅的男明星，

更是一个有内涵有独特价值观的演员。光看他的文字，你会以为他今年只有 20 来岁，殊不知人家都已经 50 多岁了。活脱脱一个演艺界的周伯通，而且是有趣又帅气的周伯通啊！

和这样的男人恋爱是一件很幸福的事吧，哪怕他老到唇上眼角都长出皱纹来，但他依然有颗赤子的心，他会和你谈文字和电影，却也会为你捶捶酸痛的背，他会带你去海边看日出，也会忍受你把米饭煮成了一锅粥……不管光阴如何似箭，他依旧是那个骑马倚长桥、满楼红袖招的翩翩少年。

远处有一个男人笑了，眼里满是爱意，刚刮过的胡茬在脸上泛着青瓷的光芒。遇见这样一个男人，该是一个女人一生何等幸运之事啊。

有些男人是不曾年轻过的，少年老成说的是他们，有些男人却是不曾长大过的，他们叫做资深少男们，但愿和你遇见的资深少男是后一种。

小调情呀小情调

网络真是个奇妙的东西，素未谋面或不曾熟悉的人也可以自来熟地亲热起来，亲们，亲爱的，叫得一个比一个更甜腻，请问今天有人叫你亲或者亲爱的了吗？

反正我只要一打开MSN和QQ，一准都是亲爱的在候着你。

比如编辑约稿："亲爱的，你的速度要加快啊。或者亲爱的，你这期的稿子终审没过啊。"

比如论坛里的朋友打招呼："亲爱的，最近忙什么呢……"

当然这些亲、亲爱的并无实际意义，在这种人人都是
亲爱的环境里熏陶，无论男女都戏称亲爱的，说的人不假思
索，听的人又心情不错，没谁和谁较真吃亏还是占了大便宜，
一如无论 18 岁还是 60 岁的女人别人都称之为美女，爱听就
听句，反正也不算是太坏的事情吧？

在论坛和 MSN、QQ 里混时间长了，咱就更明白大家亲
来亲去很是正常。编辑和作者谈约稿，亲爱的这种语气委婉
动听，似打情骂俏，简直是可以以迅雷不及掩耳盗铃的速度
拉近彼此关系的，素昧平生却又感觉很合拍的网友一声亲爱
的，更像老友的寒暄让彼此交谈的心情更加愉悦起来了。

我的一个编辑朋友，男的，胡子一把、五大三粗的东
北汉子，因为弄的是一少男少女的杂志，为了和那些女写手
们更和谐地打成一片，他的网名一如"翠花"般的女性，谁
让他的作者群基本都是些青春年少的美女 MM，美女写手们
在 MSN 和 QQ 的那一头每每以亲爱的称呼他，他都乐不可滋
地笑开了花，哈，这年头，有人爱有人疼的滋味真是太幸福
了，自然他也顺水推舟地管那些美女们叫"亲们，亲爱的"，
无论如何，这比叫人家小姐或其他什么的要有趣些吧？只是，
我偶尔会杞人忧天地替他担心——万一哪天他的女作者看到
了他的真面容，发现自己竟对着一大老爷们天天亲爱来亲爱
去的，会不会脸红到无语问苍天啊？

现实生活里要有一不熟悉男人冲你肉麻兮兮地左一句喊着"亲"，右一句喊着"亲爱的"，我敢打赌，你肯定会觉得那男同学要么是神经病，要么是色男想对你图谋不轨了。

如果是自己暗恋一个人。亲爱的就更只能放在心底，说出来万一对方是流水无情，你可能会有自取其辱的风险。

而真正和你最爱的人在一起，亲爱的也是不好意思随便说出口的，爱是信任和牵挂。幸福的人都是安静的，成天挂在是口头上的亲爱的是矫情像表演，那实在也是相当的傻气吧。

嗯，最后再写一句，亲爱的，这篇文字是我很用心写的，希望你们都能喜欢哈！

偶尔可以把男人当解闷的花生米

"男人是什么，把他们当做解闷的花生米就好"。当然这话的原创不是我，好像是出自某韩剧的一句话。

老实说我倒觉得这个建议还真不错呢。当然未必一定是把男人当做花生米，你要乐意可以把他当做巧克力、开心果、哈密瓜、方便面、清蒸蟹，但凡你喜欢和憎恨的食物都可以。

爱情是一种注定错过比遇见概率要多一半的赌注，大多数男子和喜爱的食物一样让人喜欢让人忧。

花生米和巧克力味道都不错，但不能多吃，因为会得胆固醇，因为容易让我们的小蛮腰变粗，哈密瓜还不错，但不一定合你的口味。

想起一句歌词："先明白痛再明白爱，享受爱痛之间的愉快。"零食于很多女子也是这种关系吧？想吃又怕长肉，不吃又忍得难受，呵呵，就像你喜欢的男子不一定就喜欢你一样，美食和男人一样让我们伤脑筋呢。

可是，爱吃喜吃嗜吃的女子理所当然把逛超市当做自己工作的爱好之一啊。从薯片到牛奶到樱桃，我把零食堆积在我看得到的每一个角落，但凡本地有新的酒楼开张，我也总会欣欣然去捧场，朋友们开玩笑说和我在一起最不用担心的就是会有饿死的问题发生。

在一本心理书籍里看到说喜欢存储食物的女子多是因为缺乏安全感，是吗？想起来也觉得好笑，活在这璀璨繁华的都市里怎么可能有饥荒的窘境发生呢？倒是可惜了那些过期的食物啊，就像那过期的爱情，再也找不回属于自己的幸福了。

如果偶尔可以把男人当解闷的花生米或开心果有什么不好呢？

爱一个人没有错，但爱得自己晕头转向甚至丢了自己的主心骨就太不应该了，把某男仅仅作为我们生活的一碟小菜如花生米什么的，有他生活更滋润添生动，但万一某男花

心或离你而去，也没什么大不了，谁都不是谁的唯一，天不会那么容易就坍塌的，没有了花生米就不兴咱换换口味？榴莲、水煮鱼……爱谁就挑谁。总之，咱照样将日子活色生香地过下去。

所以，美食于某时，对女子就是一种慰藉吧？像电视里常播的德芙巧克力广告，娇俏的女子对橱窗里的华服和名钻遥不可及，但她亦有触手可及的幸福——咬一口丝滑可口的巧克力何尝不是一种很惬意的享受呢？

总有艳福不浅的老牛

柳如是，不是她的原名，只因她喜欢辛弃疾的词"我见青山多妩媚，料青山见我应如是"，于是给自己取了这个雅号。

她精通音律，长袖善舞，书画也有名气，她还有如男儿的志气与勇敢，连反清复明这种随时要掉脑袋的事情也做得丝毫不含糊，史上都说无论才情与美貌她都是秦淮八艳里才情最出色的那一个，只是这样一个女子偏偏也没有躲过爱情的劫。

只是她为什么会爱上钱谦益那么一个墙头草般的老家伙呢，先是反清，等清兵真的来的，又害怕了，"随例北行"……

如此一个没有坚定立场的男人怎么配得起她的聪慧与魄力？

但她还是豁出去地爱了，为了见钱谦益一面，从千里之外追到了钱谦益的"半野堂"，钱自然对她的到来欣喜若狂，既然两人都情投意合，其他还有什么可顾忌的？

于是在两人相处过了一些时日之后，钱谦益在一只宽大华丽的芙蓉舫，摆下丰盛的酒宴，请来十几个好友，一同荡舟于松江波涛之中。舫上还有助兴乐伎班子，一派箫鼓齐鸣热闹悠扬的场面，高冠博带的钱谦益与凤冠霞帔的柳如是在朋友们的喝彩声中，喝了交杯酒拜了天地。

至此柳如是嫁了他，甘心情愿做了他的妾。但无论如何，从个人的角度来说，我极不喜欢她的选择，作为一个年轻漂亮有才华的女子，说她仰慕成熟男人的风度成就也好，说她就是和钱谦益相见恨晚也罢，未必一定就要以身相许的。但她终究做了他的妾，她就不能否认自己是个分享人家太太的老公、人家孩子的父亲的爱的女人。我不喜欢这种不纯粹的感情，哪怕他们的爱情传奇有多么的回肠断气。

薄命怜卿甘作妾，这意味着卑微与屈辱，意味着终生如鲠在喉的不痛快，意味着她从此要做一个面目模糊的女人，直至到她死也未能将什么改变。

那时，钱谦益比她先走不过两个月，钱家的人就怕她会分得钱家的财产而联合起来对付她，她大概是真觉得做人没什么意思了，万念俱灰下就用腰间孝带悬梁自尽了。甚至在她死后都没有得到名分，不但未能与钱谦益合葬，反而被逐出了钱家的坟地，如果她是他的妻，他的正室，想必钱家与钱家的族人就不敢这么嚣张吧？

最后，柳如是的墓孤零零立在虞山脚下，无比凄凉。她的碑上只简单地刻有：河东君三个字（柳如是曾自号河东君）。但在此前，她还有另一个别号叫：蘼芜君，只是，还有谁会在乎她叫蘼芜君的时候，她本姓杨，名爱，字影怜呢？

干吗要一见某人就要误终生呢

　　某妞独身27岁，条件是不差的，在电视台做外景主持人，长的不倾城但也能倾个小镇，不是没有好男人追，不是挑剔，而是心理上闭塞，原因是世界上她最爱的那个男人没有属于她，她不想将就。

　　用梁燕妮的话说：是一见杨过误终生。

　　这句话真是一针见血地道出了《神雕侠侣》里的郭芙、程英、陆无双、公孙绿鄂的寂寞芳心啊，其实最可怜的是小郭襄，在懵懂之年就遇见了杨过这般的极品男人，从此一生未嫁，后竟成为峨嵋派的创始人……真不知是郭的不幸还是武林之大幸。

但是话说回来，你必须承认，杨过是阅人无数的，所以他有一双锐利的眼睛。他若想要，他身边会有数不清的桃红柳绿围绕，只是一般的庸脂俗粉他是入不了眼的，因为他身边有最好的小龙女，她为他展颜微笑，他为她魂牵梦萦，似乎注定是要让别的女人来遗憾终生的。

纵观武侠世界，披肝沥胆、侠骨柔肠地让人爱上容易相忘难的又何止是杨过呢？那张无忌、李寻欢、令狐冲、花无缺，不都是让那些灵秀美丽狐媚的女子都一见之后念念不忘，误了终身吗？还有那练霓裳，为一个卓一航，一夜白头成魔女一辈子恨男人呢！

但，那些和自己过意不去的姑娘就是不会想，一见某人误终生就莫名毁了自己的美丽和前程，和某人可没一点关系，杨过和小龙女神仙眷侣逍遥自在可不会有闲工夫惦记你，你自己死心眼怪得了谁啊？

遇上一个很有魅力、令自己一见倾心魂牵梦萦的人，是毕生的向往倒没错。然而，得不到他，一辈子耿耿于怀却是毕生的遗憾，那种早早就"曾经沧海难为水，除却巫山不是云"又是太极端的心态吧？

　　我的意思是与其让自己做个伤心人，倒不如做个邓文迪那样为自己活得精彩的女人。

　　邓文迪 19 岁与 55 岁美国人结婚获得美国国籍；22 岁与 53 岁美国人结婚获得名牌大学研究生录取通知书；31 岁的邓文迪不管是以实习生的机会进入传媒大亨默多克的视野，还是以"红酒加头等舱，红酒加派对的机会"进入默多克的世界，并最终促成自己在 31 岁的时候与 70 岁的传媒大亨默多克结婚，而即使刚刚与传媒大亨默多克离婚她也没有成为怨妇，而是找了一个小自己 17 岁的帅男友肆意地过着属于自己的人生，而这枚 30 岁的小鲜肉还是英国国内顶尖小提琴家一枚，有颜还有才华。这个野心勃勃、生气勃勃的中国女人把自己活成了传奇，才不会允许一见某某误终身的蠢事发生在自己身上。

　　即使杨过是不错的，某人是不错的，但是，所谓最好和最爱从来是相对而不是绝对的，还是李碧华说得好——世上哪有什么销魂和最好，不过是当初自己世面见得少。

　　东边日出西边雨，离离原上草一岁一枯荣，此起彼伏，干吗非一叶障目往绝路上整自己？

第六章

你要活得矜持一点

每个人都有两个基本需求：爱和被爱。我们为满足这两个基本需求所做的一切都是爱的行动。

——（美国）奥斯本

谁要做个低声下气的傻女孩

据说很多男人都希望自己的女朋友傻一点，说什么睁一只眼闭一只眼才能维持双方长治久安的幸福生活。

其实这就是某些男人的自私心理在作祟！

那依着某些男人的逻辑，你在外面花天酒地，莺歌艳舞是天经地义的事。而你的女人还必须装作什么也不知道的样子，在家里忍气吞声好生伺候着你，难怪男人们都说娶妻要娶贤呢。

那是，贤惠温柔多么可贵，不仅能忍耐你吸烟、喝酒、好色等杂乱无章的生活，还能在你的狐朋狗友面前对你千

依百顺、无限景仰、给足你面子，真是又好哄又好骗。可天下哪有这么便宜又异想天开的事情啊，男人们实在太低看女人了。

他们不知道，女人也巴不得找一个傻点的男人呢。只要对他说几句好听的话，他就感激涕零；随便撒个娇哄两下，他就感动得热泪盈眶，发誓要一辈子对你不离不弃。如果你偶尔犯贱，对别的男人有了妄想，即使真的和某个男人有点不清不楚的暧昧，就算被他发现，也只要梨花带雨地哭一场，很快就能得到他的同情和体谅。

动脑筋想一下，有这么宽容大量的男人吗？如果这样的男人出现在你面前，你对他绝对佩服得五体投地。

当然如果你真的很在乎某人，就是知道某人偶尔会犯点小错，比如他时常回家很晚，而且和另一个女子有点暧昧什么的，那你就姑且装傻地去忍着吧。

但重点是你在忍着的过程里，要貌似心平气和却巧妙地点到他的心思，如果你珍视你们的关系，点到为止就可以了。

比如夜凉如水，你可以疲惫地坐在沙发上等他回家，哪怕你心里醋意正浓，脸上也要温柔地傻笑着说：怎么这么晚啊，听人家说某某最近老缠着你，我选的男人就是有魅力，你这么晚回来我真是担心啊。当然诸如此类的话，潜台词就是其实你什么都知道，但你不打算和他动真格去计较。

但是，等待是一个漫长而未知的变数，不是每个女人都有能力和精力去参加一场辛苦的恋爱的。何况一段感情如果需要用小心翼翼与费尽心神的方式来维系，还要用装傻充愣的代价来换取别人所谓敷衍式的不离不弃，我认为这样的感情不要也罢了。

选择爱人是需要进行严格挑选的，假使他根本不把你当回事，你就是对他鞍前马后，鞠躬尽瘁死而后已，也不过是无谓的徒劳。在爱情的天平里，永远只有被爱者才有资格去挑剔和享受。

所以，谁要做个低声下气的傻女孩？

傻女孩通常是被蒙在鼓里，最后一个知道真相的人。傻女孩遇到问题只会委曲求全，忍气吞声。傻女孩威胁某男的最愚蠢方式永远是一哭二闹三上吊。这样的女子，男人大概做了错事也会理直气壮在心里瞧不起她的。

一个聪慧的女孩会懂得，偶尔睁一只眼闭一只眼并不代表我不知道你的过错，而是因为我知道我爱你，所以我愿意再给你一次珍惜我的机会。

　　一个聪慧的女孩自然也懂得愚公移山和铁杵磨成针的道理，在男欢女爱方面根本就不成立。该放手时就放手，对自己的狠心与绝情就是对自己最好的救赎。

先动心也要沉住气

谁先动心，谁就全盘皆输。这话不是本人说的，谁说的，这是古龙的名句。

我信。

因为曾经有过活生生的教训。

不过总有女孩就不信邪。

举个例子，小姚，刚毕业，刚参加工作，薪水不错，只是很辛苦。

她不是走女人味路线的，她一双高跟鞋都没有，她从

不穿裙子，永远是牛仔裤运动鞋，休闲极了。所以她不是那种妖艳女子。加上她视野开阔，对于周围的男人基本看不上眼，所以一直单身。

她是一个很传统的女孩，但是基于对于西方文化的热爱，她一心想要嫁一个胸口长毛的美国人。整天对她的每个朋友说她的美国男人梦。

她直率，有任何不满意就立即直接讲出来。虽然有时候觉得欠艺术，但是和她做朋友，很放心，至少不会阴着暗算你。

不过，爱情就是这样，来的时候就像台风一样，挡也挡不住，台风过后，留下伤残无数。

有天，她告诉我，我喜欢上了一个做 IT 的中国男人。

你不是一心要嫁个胸口长毛的美国人么？

她笑言不答。我亦不问。

女人就是这样，口口声声说绝对不会喜欢的人，最后却爱得死去活来。

人人都是说一套，做一套。看得多了。

她其实鲜少恋爱，单纯可爱的女孩子。她说要跟那个

IT 男人表白。

我一惊："别。永远不要你先表白。这样太傻了。谁先动心，谁就全盘皆输。"

她不信，还说："我跟他表白了，还有一半的机会，没有表白可能机会为零。"

傻孩子呢，他如果喜欢你，为何男生不跟你表白。

即使你有意于他，制造机会，先多以朋友的身份和他聊聊看，说不定后来还不喜欢他了。

别人的爱情，最不宜干涉。作为朋友仅能做的就是建议，听不听就看她的觉悟。

第二天，她果然去了，一起吃饭。然后她就表白："我其实一直很喜欢你，我想要一个答案。"

因为她和 IT 男人没见几次面，显然这个男的是被吓到了。

男人对我的朋友说："其实我也很喜欢你，我现在刚工作，我的精力可能都要放在工作上。"

男人没说 YES 也没说 NO，实际上是说 NO 了。但是我的好友还不死心。我好友说："那么考虑一下，如果你想和我

交往，那就下周六约我吃饭。"

女孩忐忑不安地等了一周，那天周六，IT 男人没有打电话给她。

她很伤心，无精打采。

因为她从来没有主动过，从前。

她有 IT 男人的 MSN，几天后，她见到 IT 男人的 MSN 头像亮着，她问："你为什么不喜欢我？"

男人说："我很喜欢你，是一种对于妹妹的喜欢。"

我的朋友气得要死。

当然这段是问了之后才跟我讲的。

其实他不忍心直接跟你说 NO，你既已明白其意，为何还要问个所以然。男人最怕回答女人这样的问题。为何一定要这样的现实说出来。

这就是她的一次失败的表白经历。

她一直以为，爱情其实很简单。喜欢和不喜欢，不要阴谋和手段。其实也对，爱情还是要简单点好。

但是当你要得到爱情和保住爱情，不花心思，你就是必败无疑。除非你自己的条件太好了。

何况，你是先动心。

先动心的人，总是在喜欢的人面前，会谦卑和不自信起来。于是，处在劣势下。

想要扳回大局，那就全靠技能了。

现在她终于相信了，连微信签名上都写着：谁先动心，谁就全盘皆输。

瞧，历史经验就是在这样那样的教训里得来的，所以咱们如果对某男有好感，能不动心就不要动心。

明明动心了，也要先假装没动心。

姑娘们要矜持知道吗？爱是有信号和气场的，对你动心的男人会想方设法来追求你，并不需要你主动。

爱情虽可贵，尊严价更高，保护自己更重要。

即使很动心，也可以假装一下不动心吧，最后，动点脑子，把那个真正对你动心的人"骗到手"。

某一刻的心动不是爱

我的一个朋友本来是很讨厌那个和她一个办公室办公的男孩子，因为她觉得那个男孩子做事情太婆婆妈妈，说话又细声细气。按她的话说，本小姐生平最嫌的就是男人没男人样。

可是，有一天我的朋友却忽然在一瞬间有点心动于那个她从前最不屑的男孩子，事情的缘由很简单也很老套。那天正好两个人都加班，到了午餐时间叫好的外卖却还没有送过来，朋友的肚子有点扛不住地嘀咕起来，那个男孩子忽然变戏法似的给她泡好了一杯她最喜欢的"立顿"奶茶，还有她平时最爱吃的明治雪吻草莓味的巧克力。她看着他不声不响地忙活，心里顷刻间有了浓浓的暖意，仔细观察那个男孩子正低头做事的认真，竟然发觉，原来他有一张很俊朗的脸……

所以人的眼光是不会一成不变的，就像有一个时期，我是那么讨厌红色，觉得它俗艳、躁动、浓烈、夸张，没底气没格调。可后来发现在所有喜庆的节日里，红色就显得理所当然，饱满、可爱、气氛、情境、喜悦，都有了。

看来，有些颜色可真不是为一些个普通的日子而准备的啊。就像有些人在特定的时候，你就无意中发现了他的好。

女孩子的心就应该是这样的，心动多于爱慕，热爱多于征服和漠视，充满温馨和浪漫。不过，有些情谊可以延续，有些情谊转瞬即消逝，茶很香，因为水很清，香很淡，因为人很远，风景之所以称之为风景，是因为隔着距离的成全，有些一瞬间的心动只是放在心底就好。

我们所看到的，不是我们所能看到的全部。换一个视角，换一种距离，换一个时段，我们也许会从同一个窗口看到另一场真实的风景，有些人和事的出现，就是为了在我们的世界里打开一扇门，让你用不同的眼光去观察你的世界，青春横行，人生自然得有一些华丽的遇见和想象。

有时幸福会给人一段短暂而恬淡的时光，它如同无名的路人甲，用一个侧脸经过我们的身旁，你悄悄地察觉了，微笑，便在你唇角开出了一朵美丽的花。

刚刚好的温柔

说话做事都要讲个尺度的，所谓过犹或不及是两个极端，温柔自然也有尺度。太过温柔热情就像无事献殷勤，有非奸即盗的嫌疑；太过冷淡客气，又令人觉得自己不受欢迎，好像该来的没来，不该来的却来得尴尬，先来举个例子吧。

曾经有位朋友，平时看起来说话大大咧咧不计后果，好像没心没肺的样子，但是有一回大家一起吃饭，满桌人只有他发现我并没有动手去夹菜，于是，悄悄地，他把我面前的菜调换了一下，让我得以方便地在我喜欢的菜肴前大快朵颐。没有一句多余的话语，只是这一个貌似很小的细节，让我感觉到了他粗中有细的体贴和照顾。

其实在生活中，最是这些不起眼的细节能打动我，比如过马路时轻轻牵住我惶恐无助的手，比如用餐时默默挑去我素来不喜欢的食物，比如在我嗓子不舒服时递给我一盒西瓜霜含片。对，也许华丽的言语也能令我开心不已，但我心底明白那些温柔细致的照顾，更能使我感动并感到友情或爱情的弥足珍贵。

一天晚上，收到一个快两年没见面的同学的短信，短信上只有一句话："记得你以前下雨天脚会疼，现在好了吗？"是否被人爱被人疼，每个人都有自己的感受，或者我是个容易被打动的人。所以简简单单的一句话就让我看到他们真心实意的惦念，这样的关怀很温馨，温柔的尺度刚刚好。

为什么说温柔的尺度很重要，比方说太阳吧，在冬天它是人们喜欢的天使，在炎夏它却是人们想要躲避的"瘟神"。

恰到好处的温柔就好像冬日午后的暖阳，静静懒懒的，却是温柔舒适、润慰人心的。你不太感觉得到它的存在，可是一旦转入拐角，陷入无边的阴冷时，才忽然觉出它的珍贵，觉出刚才残余的温暖如此不易。

日子未必每天都精彩，但你可以去发现它的可爱。或者你身边有这样的朋友，当你喝酒时他会提醒你胃不好要少喝点，当你生日感到孤寂时有他会打来电话买来蛋糕和你一

起分享喜悦，当你晚上回家，哪怕再晚，和你合租的伙伴，总会留一盏灯淡淡地亮着为你守候……

有时世界仿佛只剩一半，有些温暖会随着时间溜走被冲淡，有些人却仿佛听得懂你某时的呼喊，于是他或她在适合的时候来到你身边，陪你说话了，或者静静地和你待着也很好。这种温柔的尺度就刚刚好，不会凉到令你感到很敷衍，不会灼烫到令你觉得太虚假……

我确信有些人和事的出现，是为了在我们的世界里打开一扇你曾经视而未见的窗，这样的温柔，会让你有一种如沐春风的清爽，然后我们再用这种平和清爽的心态来看人、看物、看山、看水，你会发现更多人生的华丽与圆满。

当然，你也会很快乐。

撒娇趁热，见好就收

一个许久不见的女朋友在 MSN 上对我说："昨天男朋友居然笑我不温柔、连撒娇都不会，你说气不气人？"

这个女孩子的性格我是知道的，好强，果敢，做什么都雷厉风行，甚至连说话都是连珠炮似的快速。

我笑："你确实是我见过的最不嗲的妞，为什么女人们都喜欢和你在一起，因为你像男的啊。"

但玩笑归玩笑，本着假装爱情高手的职责，我认为一个女人哪怕你本质上是个大女人，偶尔在爱情的世界里也要小鸟依人一点的，男人有时是需要女人来崇拜和赞美的，比

如卫生间的马桶坏了难道你还要亲自来维修吗？

好了，就算你真很能干，什么都会修，可我认为这么好的表现机会还是留给那个爱你的男人来做吧，而你要做的就是在他身旁撒娇地感叹"亲爱的，你真了不起，没有你我可怎么办"就好了。

男人的爱情是因为受到鼓励而更加乐意付出的，当男人愿意为心爱的女人提供惬意的生活时，他会觉得自己有无比幸福的满足感。

学业事业上好强是没办法，因为没有退路，不拼搏不竞争就没有胜利，但在爱人面前，女人以柔克刚才是最聪明的选择。所以如果周末有空，不妨煲个西洋参炖排骨汤给他一个滋润的惊喜吧，当然咱言语也要轻柔。人家可是第一次为你下了厨啊，他有良心的话不但会感动更会珍惜，自己何德何能竟能拥有一个入得厨房、出得厅堂的好女人。

至于流泪这样的事情虽然你不屑于做，但我建议，这泪偶尔也还是要流一点的，如果可以，不妨和他一起去看一场悲情的电影，为别人的故事流自己的泪，当做是一种情绪宣泄的出口有什么不好呢？

当然实在不行，咱装生病总可会了吧，头痛牙痛反正以不出人命为准则，你自个掂量着痛苦就是了，总之让他看见你也有偶尔脆弱的时候，他必定会更怜惜你平日里展现的坚强和勇敢啊。

还有最后一招，保管对他很受用——秀色可餐总明白吧，那咱就色诱好了，烛光晚餐，悠扬的音乐，新做的发型，化着精致妆容的样子，含情脉脉的眼神，隐约可以看到曼妙身段的连衣裙……

哈，再有勇气的就把裙子穿得更短一点啦，撒娇的最高境界是此时无声胜有声，某男人憧憬的眼神就留给你独自分享吧。

女人撒娇就像咖啡里的糖，糖太少，爱情显得不够甜美与回味，糖太多，喝起来也会令人腻味得反胃。所谓过犹和不及是两个极端，咱们的原则是撒娇趁热，见好就收。这拿捏得准确与否就得因人而异了。

所以，这世界有的女人是水做的，她把"最是那一温柔的低头，恰似一朵水莲花不胜凉风的娇羞"做到了极致。她水美草肥，万事无忧从此历练成精。有的女人却迅速地颓败，败给不懂风情。她的岁月像灯光下斑驳的倒影，天空很大却看不清楚，好孤独……

爱情里的情与怯

很早以前看的一部电视剧里，男主角把朋友托付给自己的小女孩带大了，但是总有些情感是藏无可藏地发生了，长大后的女孩固执地爱上了这个应该被唤做叔叔的男人，而他分明也爱上了那个自己一手带大的女孩，却因为理智而一直退避着。

可是，逃避真的可以掩饰一切吗？他的眼睛背叛了他的心，每一次当他看着她的眼睛始终是低垂的，闪烁的，犹豫的，那么努力想隐匿自己真实的渴望，两个人的目光刚触到了，又闪开去，而等到她的眼光悄然地移开，他又恋恋不舍地去追随着，永无止境。

还有他的手，当那个女孩难过的时候，他几乎都是，从背后，轻轻地，然而是缠绵地，把她拥进了怀里，那个动作是抱啊，是想把她融化，是想包围住，他总是把自己的头埋到她的肩膀或者头发里，那是一种肌肤的深度接触，是呼吸她的快乐与哀愁的满足，所以每当他沉浸在这样的温情里，他的手会抖，会加力，会舍不得离开，却又无可奈何地把手慢慢地移开⋯⋯

真正想爱而不能爱一个人原来是会胆怯的，因为知道未来的渺茫，所以那些细节的美好才会令他胆战心惊地害怕失去⋯⋯

曾经在一首 MV 里也看到过这样怯生生的遗憾，她与他临椅而坐，却静默无语。桌上，清茶两盏；他的手，在她手的另一边。

犹豫地怯怯地，她，试探地将手轻轻地拂了他的手，他似乎惊了一下——手，缩了去；眼神却是慌乱的，回避与躲闪。

半空中，她的手，怔在那里——受了伤的手指，纤纤，楚楚可怜地倚着，久久未动。

楚楚可怜的，还有——她如受到委屈的兔子般的眼神，

泻了一地的忧伤。

面对爱着却不能爱的人，这样的爱总是千言万语却不知该从何说起，所有零碎的，断裂的关于情怯的细节总是轻易打动我敏感的神经。

那些情怯到底是什么？是眼眸，是语速，是长裙，是手，是声音，是一低头的温柔，是皱眉与笑脸？还是淡淡烟草香；白色袜子的味道，是转身的背影，藏着一个醒不来，又走不出的荼蘼旧梦？

也许都是，也许都不是，想起一首歌"当我开始知道已经来不及了 / 我永远都无法明了 / 为了爱情受尽多少煎熬 / 我们都熬过了 / 眼看着幸福却到不了……"

原来所有爱情里的情与怯，都是被渴望焦灼的痛楚，是无法忘却如初吻般失措的慌乱与战栗……

最让人徒生哀怨的一种感情叫暧昧

我以为最让人徒生哀怨的一种感情叫暧昧。

暧昧，念起来就遐想联翩：软软的，轻轻的，读"暖"的时候有点朦胧，念"昧"的时候又有那么点缠绵，总之既含混不清，又有暗送秋波之嫌疑，念起来就已经透着那么一点不光明正大的情愫了。

言情偶像剧里也总少不了貌似风度翩翩却放任不羁的公子，他根本就没想过和一个女人天长地久，却总喜欢对身边几乎稍有姿色的女人含情脉脉，偏也有那么多女人心甘情愿地愿意和他在一起。是真的爱上了这个男人，还是因为暖

昧与寂寞？也许只有天知道了。

可是真有女人会甘愿和某个男人不清不楚暧昧到老吗？不过是爱着那个男人而心怀侥幸罢了，以为可以站在离他最近的地方也许会有相爱的机会，以为暧昧总可以是一种可以期待的信号。

一个女人愿意和一个男人暧昧，都是念怀着一份自以为爱的酸涩幸福，就好像我们每次吃话梅，直截了当地把话梅拿在手里看着，就已经觉得腮帮发酸；再吃一两颗就会刺激得舌苔焦渴，但那种酸涩的咸甜味却也令人回味不止。

青晃的月，孤独的墙，一个女人彻夜不眠守在电话前等着那个不属于她的男人的电话，不厌其烦地给他买这买那，追着他嘘寒问暖，鞍前马后地随叫随到，召之即来挥之即去是可怜又可恨的。总之，用八个字来说就是"哀其不幸，怒其不争"啊！

男人不是傻瓜，他未必不知道女人的心思，不过，有些男人的思想是要不得的，他可以不爱你，但不代表他不会招惹你。因为他大概满心得意自己的人见人爱、左右逢源呢。

说到底，其实这就是个危险的成人游戏，所谓游戏的残酷是这样——合则聚，不合则散，周瑜打黄盖不就是愿打和愿挨？这不当真，不经意的一方肯定是赢家，认真的、投入多的一方结果必然是输得一塌糊涂的。

一个女人果真能大度地看着自己在乎的男人爱别的女人而不伤心不吃醋吗？

不，其实你恨得牙痒痒呢，只是，世界上最窝囊和糟糕的事情是你根本没权利愤怒和吃醋！

人家本来就没有打算和你保持暧昧以外的任何关系，是你自己愿意送上门去填补人家寂寞的空当，这实在是怨不得任何人吧？

看，连生气和吃醋也要讲究名分。

你并不是他的谁，实在是没有生气和吃醋的资格，就算是醋瓶打翻，也只能是灌自己一肚子的辛酸罢了。我甚至敢打赌，只要你有一点想和他光明正大在一起的念头，他必定会心虚地拂袖而去。

现在明白了，暧昧是你自己挑起的，他从来不计划和你有私情之外的相处方式，所以，你的暧昧注定在见不得光的暗地里不了了之或死得不得其所……

相反，真稀罕你的男人，根本就不用你主动，他都巴

不得整天黏糊你、绞尽脑汁、志在必得想做你的爱人，把你揣口袋拴身边呢！怎么会舍得让你悲伤和流泪？舍得让你只和他保持所谓暧昧的关系，你不着急，他还担心别的男人把你给拐走了呢！

世上最没劲的暧昧就是你有情而对方无意，但你却死活愿意被那种男人随叫随到、不清不楚、藕断丝连着。

希望咱都不要做胸脯子比头脑子发育得丰满的女人。真爱定律之一，看男人爱不爱你，就看他肯不肯和你光明正大地恋爱，以及愿不愿意承诺和领婚姻的那个红本本。虽然说进得围城也可能随时出城，但至少他比那些从不肯跟你进城的男人可信靠谱得多了。结婚虽然不是爱情最好的去处，可暧昧永远不会拿结婚当最终目标，难道你相信这暗地的私情暧昧到最后，还能发酵升华成爱情？骗鬼去吧！

女人，千万别给男人填补寂寞和享受艳福的机会，更别把暧昧当成了爱情。

请相信荡气回肠的倾城之恋会发生在瘟疫蔓延和战乱之时，但绝对不会在一个只打算和你暧昧的男人身上看到奇迹。

不要拿寂寞做借口，你就是笨啊

某女今年 32 岁，结婚两年离婚一年，独身后的感觉似乎也不是很好，究竟是老大不小又披着离异的外套，幸好她还有旱涝保收的工作，不至于让自己活得落魄。

再结婚，她短期里不会有那个勇气，但真正难熬的是寂寞，吃饭散步说话的伴儿还是需要的。

所幸这世界寂寞的人还真多，长夜漫漫无心睡眠的滋味并不比失恋好受半点。于是此女忙交了两个男人做伴，其中一个比她小三岁，一个大她三岁，合理资源合理分配，一三五，有一个男人陪；二四六，另一个男人陪。除了吃饭

看电影生病时有人嘘寒问暖,受委屈时有地方哭个梨花带雨,直被哄到晴日艳阳,还有最重要的一点,填补空虚寂寞。至于问爱情是何物?她和他们大概都没兴趣去研究。

灯红酒绿的大都市,午夜的街头,热闹的酒吧,形形色色的红男绿女,总有一些是为了填补别人空当和寂寞而相识的,各种美女主播网红视频热播也是这个理,她们和他们把所有情分都当一夜情来经营,目的只是为了盈利。

当孤单比夜长,男人碰上女人或女人看上男人,即便他们在一起做伴,也和爱情无关。对,和爱情无关,和寂寞有关,没有明天,毫无意义的,实在有些不值得。

就是说,你明明在不顾一切,不求回报地付出,但是那个人,却没有获得同样的满足感,或者即使他领了你的情,也只是施舍了一点爱给你,这样的爱情,从经济学的角度来说,是很不经济的,总体效应太过低下,那是对你无法再生的青春、爱情、温柔、眼泪的巨大浪费。

所以说,不要拿寂寞做借口,你就是笨,不知道爱情也是要有常识有算计的,否则你自己趋之若鹜了半天,他却避之不及,逃得慌不择路。一场苦心眼看就这样付之流水,最后他躲你躲得辛苦,你恨他恨得入骨,何必?

　　我这么说，也许有站着说话不腰疼之嫌。但我真的身处过那样的困境，体会过那种卑微的心情，似乎只要他允许接受自己的关心，已经是莫大的恩赐，已经要感激涕零，已经来不及去想平不平衡，值不值得。

　　用白素贞的话来说——值不值得，那已经轮不到我来说了。

　　有一个朋友比较洒脱，花男朋友的钱花得特别来劲，问她是不是真的喜欢他，她却又点头。她的观点是这样的——我越爱他，就越拼命花他的钱，这样他才会觉得，在我身上投入了这么多时间、精力、金钱，不是说放手就可以放手的。你当然可以说如果真的没有爱了，谁还在乎这点钱呢？

　　其实很多时候，看似深奥的感情，就是被这样微妙的因素改变了方向，即使你羞于承认。

　　世间的事情就是这么奇怪，一样东西对于你的价值，有时并不是它为你带来了多少，而是你为了得到它，已经失去了多少，你追寻得越辛苦，就会越珍惜，你得到得越轻易，就会放手得越随意。因此大多数此类的女孩子，都会爱得很辛苦，爱得朝不保夕，令人同情。

暗恋是最没出息的事

某女友一天发短信给我：妞，貌似我暗恋上了一个人，第一次见他就有感觉，可是他好像对我什么表示都没有，我怎么办？

我一听就急了，咱又不是十八岁，你喜欢他你告诉他呀！

她在那欲言又止半天小心地说，我怎么告诉人家呀，都不知道人家是不是对我有意思？！

我毫不犹豫地说，你不说起码要给人家暗示啊，怎么追一个人你总知道吧？女追男隔层纱，凭你的情商不用我教吧？

女友又问，你觉得咱们这个世道一见钟情靠谱吗？

我肯定地告诉她：一见钟情太靠谱了！无论什么世道什么年龄。关键是我们还能有一见钟情的缘分和一见钟情的能力。

两个星期前，这枚女人终于喜滋滋又给我发了个短信，当然就是倒追成功，某男果真也对上了她的眼。

我从来不鼓励一个人单相思痛苦的去暗恋，独角戏不仅无趣更没出息。

只要是男未婚女未嫁，成功与失败就各自有 50% 的比率，他会说 NO，或者他根本就不是那个合适你的人。那咱们也没吃什么大亏呀，不就是对着一个你喜欢但是可能不喜欢你的人说出自己的想法吗？最坏的情形可能是那个男人对你无感，但我相信多半有点风度的男人也不会很直白地拒绝你，你也顶多丢了个小小的面子，没什么，长痛不如短痛，转眼还是艳阳天，好男人多着呢！但是，至少，我们不后悔，是不是？

谁愿意自己的爱情是一场锦衣夜行的演出呢？

这种视觉冷宴，还是留在小说里惆怅吧，真实的爱情一定要说！要行动！要有温度才靠谱！

内衣于男人的意义是什么

最贴身的内衣，其实已经不算是衣服了，那么轻盈的柔软的绢丝或棉布，轻轻将女子最娇羞的胸围镶入了其中。

内衣是这么的美丽，红香绿玉的色彩，碎碎丝，窄窄带，盈盈一握里是柔软而缱绻的，只待穿在了女子的身上，才悄然地饱满起来，仿佛金杯欲盈，满而不空。只是这样的名分也注定了它的尴尬与寂寞。

印象里第一次去买内衣是 15 岁时和妈妈一起去的，在商场的内衣专柜里看着那些招摇的倚红偎翠的内衣，看着墙上巨幅的内衣模特女子我甚至不敢过多停留，羞涩的青春里，面对自己日益发育的胸居然是惭愧的，于是胡乱挑了一件纯白的简单内衣夺门而逃。

在日后的岁月里好像也渐渐发现自己是喜欢白色的，每每在内衣店里停留，首先吸引我的总是那些款式简单，没有过多繁复蕾丝与花边的白色胸衣，材质最好是棉布的，有似有还无的布香与清甜，或者这也是一个人的性格吧，总觉得那些蕾丝珠片花红柳绿太过张扬，而且胸衣却是贴身的衣物，当然是越简单才能让自己的穿戴更舒服了。

曾经惊鸿一瞥看中了一件薄如水晶的内衣，银丝如雪的白，布料微凉而软滑，肩带是窄窄透明的银线，胸衣的中间精致的绣了一只翩然的蝴蝶，仿佛随时会展翅而飞的样子，可是价钱实在是贵啊——一千五百多块呢，就这样把它买下来是不是有些奢侈了？但没办法啊，我对这样的美丽的诱惑向来是没有免疫力的，于是兴冲冲把它带回了家。

衣柜里像这般因为喜欢而买回的内衣不计其数，虽然大多以白色的为主，但为了配衣服，也总会买回如紫色黄色粉色这样的胸衣，它们都这般的娇艳，却如温香软玉将我的美丽柔腻地盛起，深藏于外套之内的惊喜，转侧间，春光隐约，这是属于自己的旖旎风情，像无人发现就被风带走的蒲公英，不是不寂寞的。

和女人的
世界好好谈谈

    一个熟龄女子的半生对内衣的感情是爱恨交加的，虽然 T 台上的模特可以肆意将内衣的美丽演绎得风情万千，虽然也曾有内衣外穿的风潮让所谓的时尚达人招摇一时。

    但于大多数女子的内心——内衣是属于私密，属于爱情的，内衣的名分其实也注定了它大多数时候只能遗憾地藏于贴身里，若是能与一名男子分享内衣的情趣，那么她与他的关系必定可以用"亲密无间"来形容了。

    只是多数的男子都是粗心而大意的，指望一名男人能欣赏自己深处灼灼内衣的妖娆和美丽，但是最后你必定会残忍地发现，内衣于男人的意义更在于解开它的乐趣罢了！

甜言蜜语是砒霜

女人多少都是有些虚荣而好面子的。宝马香车与珠宝能让一个女人感到富足的快乐，但这两样东西比较昂贵不是随时都能让一个女人轻易拥有，似乎唯有甜言与蜜语看上去比较容易办得到。

比如"我今生最爱的只有你"。

比如"你比某明星更美丽"。

比如"等我有了钱一定给你买别墅住"。

……

听上去真是不错，声声是矢志不渝，句句像肺腑之言，沉浸在爱里的女人总是容易被类似的甜言蜜语给哄得找不着北了。甚至在心里已经无限憧憬起未来某一天，某男对她描绘的所有美景都会轻易来实现。

但万物有时，花开花落，爱情也是有时限的，很少有哪个男子能对一个女子日日宣誓爱你爱到骨头里吧？而且你能确定你是真心地爱着那个男子，还是只是爱上了那个男子对你许下的无数蜜语与甜言？

我始终相信如果真的情深似海，反倒是难以启齿的，因为甜言蜜语对这样的爱情而言太肤浅，或者说这样的爱根本不需要太多花哨的噱头，彼此只要一个眼神或微笑便一切尽在不言中了。所谓心有灵犀一点通就是这个理了。

毫无疑问，当男人对女人表达好感热烈追求的时候甜言蜜语海誓山盟总是会必不可少的，不过是说得多与说得少的区别罢了，但无论多甜蜜的话语都不能成为你真实的幸福感，说出去的话不过泼出去的水，覆水怎么收怎么留？这就好比有情就不会翻脸，翻脸当然无情。到时你指望那个男人兑现白开水他都未必再理你了。

我的建议是，偶尔让自己相信甜言并享受作为一名女子被某人承诺或赞美的快乐自是不错，就像是最近自己分明胖了十斤，却有朋友告诉你看起来瘦了不少。信或不信都无所谓，赞美或恭维都无所谓，好话的作用能够宽慰人心就算是功德圆满了。

但，光是口头上的爱与承诺那是万万不行的。男人，许一堆的海市蜃楼给女人，就想收买女人的身体和灵魂？这算盘岂不是打得太如意？

糟糕的是，再聪明的女人也会有稀里糊涂被某男的许诺与希望哄得信以为真花枝乱颤的时候。

或者这也是当局者迷，每个女人都以为自己稳操胜券。每个女人都以为眼前的男人只爱她一个，只对她甜言和蜜语。可是我敢打赌，很少有男人在追一个女人时不是答应要照顾她一生一世的。结果呢，却很抱歉，对某些男人而言他最大的乐趣就是走马观花似的恋爱，信口开河的许诺，但他的许诺也仅仅是许诺罢了，好比一张没用的空头支票。

是的，女人总是喜欢被爱着的人赞美和肯定，但有时甜言蜜语像鸦片是很容易让人上瘾的，有瘾的东西通常是很难戒掉的，比如赌博、烟或酒，以及爱情这高深的玩意……

甜言蜜语，再优美生动，既不能解渴，又不能抵温饱，脱离唇舌的温度转眼就像离枝的鲜花一样，保持不了多久的

生命，便枯萎继而烟消云散了。

这世界日新月异的改变，说得多不过意味着泡沫多，太多人和事也会在不经意里改变甚至是物是人非了，所以我深信甜言蜜语从来成就不了永恒，很不幸，倒十分容易演变成一堆可笑的谎言罢了。所以，当你痛哭流涕，五内翻腾，戚戚惨惨毒隐发作时，谁也帮不了你，凡事总会有代价的，谁让当初是你自己没有足够的定力来抗拒某男甜言蜜语的诱惑呢？

女人总是在一次次被男人伤心和骗过后才恍然大悟——爱情里甜言蜜语绝对不是主角，顶多也只是一些诱人精巧的点缀罢了。

说具体点也就是说我相信你爱我，但绝不去相信你会永远爱我，因为爱很容易，永远是多久谁知道呢？

甜言蜜语，情话而已，而情话从来不会是百分之一百的大真话，能有百分之五十的真，那已经算这个女人走运了，最好，把它当做女人们在闲暇时乐于享受的一点小惊喜吧。好比情人节的巧克力，新年里小孩的压岁钱，锦上添花还是不错的。

甜言蜜语，它就像一颗颗阿尔卑斯的牛奶糖，浅尝几粒是满足和甜美的温润，可万没有日日当饭吃的必要，腻味是小事，牙坏了蛀了是大事，那句老话怎么说来着？"——牙痛不是病，痛起来却要命啊！"

女人第一次抽烟，都是因为某个男人

我不喜欢香烟，也受不了身旁的男人或女人嗜烟成瘾。

香烟不是好东西，吸烟有害健康是地球人都知道的事情，可是却总有前赴后继的男男女女喜欢在烟熏火燎的焦油味里沉迷不已。

很多女人都说抽烟是因为寂寞和伤心，我就奇怪了，寂寞伤心你就没有别的办法了？人之所以痛苦，在于追求错误的东西。烟不是灵丹妙药，它从来解救不了你的痛苦，不过是以空虚填补空隙，简直是自己折磨自己嘛。

我倒是认为不少女人都是打着所谓寂寞忧伤的幌子，

女人与烟，大抵只是把烟当成一种道具，演绎她们所谓妖娆、风情和性感。因此看女人和烟，总有掩饰不住的作秀意味扑面而来。

我庆幸我是个不抽烟的女人，我喜欢做一个有条不紊、循规蹈矩的人，我也无法纵容自己成为男人嘴上的一根烟——在短暂的快活之后不过是一根随意扔的烟蒂。

所以我亦爱不抽烟的男人。一个不抽烟的男人至少他不会有泛黄的指甲，甚至不会有被烟火烙在衣衫上烙出破洞的尴尬，不抽烟的男人大抵都阳光干净，如同纯白的衬衣一样整洁内敛。我可以闻到他泛着淡淡的洗衣粉香味的衣服，这会令一个女人感到温馨与愉悦。

倘若不抽烟的女人，正好遇到了不抽烟的男子，那样的爱情是简单而踏实的，她和他同样渴望安定，无忧，无虑。他们的爱或许会少了一些所谓惊涛骇浪的浪漫与激情。但，现实安稳，岁月静好何尝不是人生里最值得期待的幸福呢？

倘若一个不抽烟的女人，正好遇到了抽烟的男人，那真是糟糕，抽烟的男人从不寂寞，他的过往里或许会有无数个女子曾经来了，然后，因为这样和那样的原因，走了。你不能确定你是不是他故事里最后一个女主角，于是习惯性会去买一包他爱抽的烟，闻着，然后拿起一支悄然点燃，硬生

生吸一口，却呛出了两行清泪来。

很多女人第一次抽烟，都是因为某个男人，所以一个提包里随时放着一盒香烟的女人，多半一定也是有故事的女人。她默默地穿行于万丈红尘，仿佛要把长长的一生都当成一支烟来抽，固执写在脸上，暧昧淌在骨子里。

但是很讽刺的啊，大部分的男人喜欢抽烟却是因为酒足饭饱或情欲后的满足，"饭后一支烟快活似神仙"，这话我从 5 岁开始就听到无数的男人扬扬得意地视为真理了。

所以那些动不动为某个男人伤心寂寞地去吞云吐雾的女人们还是赶紧醒醒吧！

就算你们伤得再深，再怎么云山雾罩地抽烟，也不过是糟蹋了自己的美丽和健康，因为男人用事实告诉我们，女人在他们心目中没有那么的重要。

次男或次爱未必不是最好的

次男，顾名思义就是不那么人见人爱花见花开的优秀的、极品的男人。但话说回来，我深信这世界上也根本没有所谓十全十美的男人。俗话说得好：金无足赤，人无完人嘛。

次爱嘛，通俗且残忍地说，就是把你当做一个填补别人恋爱空当期的替补对象，你会有幸成为某男众多女友中的一个，你可以在他有空时陪他约会吃饭，他会领情和你暧昧。但他绝不会对你说爱你，你很少或许永远也没机会成为只属于他心头最爱的那个。

据说有些男人对女人是有三不政策的，不主动，不拒绝，

不动心。天上有妹妹掉下来给他解闷他实在求之不得啊。

但话说回来，如果那个男人压根就从来没把你当做他的那杯茶，你又何必要死心塌地地去感动他讨好他呢？所谓情投意合，与其剃头担子一头热的难堪，倒不如赶快到别处去寻找一个更适合自己的主。

而且，太完美的男人也意味着太不真实，就是一段距离产生的幻觉和仰慕，比方说你喜欢黄晓明或者陈楚生总不至于就犯花痴非他不嫁了吧？

还有最重要一点，所谓完美的极品男人都是在美女堆里混迹多年的，这些男人被不少的美女所宠爱过，所以，眼光高得离谱，比如你最好有范冰冰的妩媚、赵薇的大眼等等，宛如在挑一件奢侈的工艺品，挑挑拣拣的样子不仅可恶，还随时有不合格被清理出局的可能。

碰到这种男人，实在是很无趣，因为你无时无刻都要做出一副完美的姿态以迎合他的脚步，纵使如花美眷，也敌不过似水流年，咱为了工作出力努力拼命还能获得报酬和升职的可能，为讨好一个并不在乎自己的男人低声下气伤了尊严就太不划算了。

再说世上的金童玉女多数是做给别人看的，至于身边的那个男人是好吃懒做，还是呼噜冲天，玉女也只有关起门来自己忍受了。与其做个所谓完美男人寂寞时的陪伴者，时刻还要绞尽脑细胞盘算着如何得到他一句可怜兮兮的赞美，实在是累得慌。

有些男人的一生忙着和不同的女人吃饭、过生日、过情人节，他自己都不珍惜，所以你根本就不必在意和当真。

第七章

还是要谈钱

既然这人间肯定了各种欲望都可以达到最多的满足，为什么单单不使恋爱发展到丰富的极致？

——胡也频

谈钱说爱最光荣

再浪漫与惊心动魄的爱情都逃脱不了吃、喝、穿、住、行的五指山。

所以女人喜欢钱不是什么可耻的事情，这就好比男人的好色，也算是真性情的一种。

女人其实还是更喜欢谈爱情和男人的，只不过女人的爱多是饮悲含恨，因为所遇非人，伤心的次数多了，人也就现实了起来，如果没有很多的爱，那么就让自己拥有很多的钱好了。

男人会花心会无情离女人而去，钱却是可以越储蓄和

投资就越多的。老了，如果没有遇到一个适合自己的男人，那也不打紧，因为咱还可以做自己的豪门，这远比男人更能带给女人安全感牢靠太多了。

但所谓君子爱财取之有道，女人爱钱也是挣之有道的。

有某些男人愿意给钱女人花，女人还看不上眼，懒得要呢，因为她也要看是谁给的钱，怎么给的，送大克拉的钻戒也不是每个女人都会心花怒放地接受的。难道没有人听说过一句话吗？没有爱情，钻石也就没有了意义。

也就是说一个女人如果真的爱一个男人，并不会在乎他是穷光蛋还是大富豪。

倘若他只有一点钱，那么就安心享受他自行车后座兜风的快乐；倘若他有比较多的钱，那么就好好享受他的玫瑰靓衫，烛光晚餐；倘若他有很多很多的钱，那么就享受他的宝马香车，豪宅别墅；如果他实在实在没有钱，而你又实在实在爱他，那也没关系，就享受他温暖的怀抱以及把你宠在手心里的甜蜜。

当然我只是打个比方，穷并不是幸福生活的保障，嫁给一个穷人未必会比嫁个有钱人更牢靠幸福。谁也没规定说穷人谈恋爱就会一辈子不变心吧？

俗人谈俗事，水果大米都在涨价，怎么可能有不食人间烟火的爱情呢？

所以现实的情况是，有的女人嫁给了爱情，有的女人就钓到了金龟婿。而最幸运的女人是她遇到了史上最好的男人，既能供给她爱情又能供给她银子。只是这运气也属于中彩票，也不是谁家姑娘都能有这个造化和好运的。

女人找男人其实也是个很难做的技术活，不仅要掂量自己的斤两，还没有可参照的市场行情。所谓不选贵的，只选对的，鞋子合脚才最重要。

这就好比上街购物，你月薪数万数十万，那逛名品和专卖店，买个 LV 包很正常，当然也不会有兴趣去小店地摊淘便宜货，但若是你收入寥寥，又想扮靓还想省钱，那只好在外贸店或小店地摊买 A 货淘便宜的东西了，有多大的能力就花多少的钱，同样，什么样的人合适你，你适合什么样的人，就找什么样的人。

我们大部分的失望，不过都是过高估计了自己的能力。没有把握的爱情，咱也不抱希望，那就会少了很多的失望。这是本着脚踏实地的务实原则，会比做一些竹篮打水浪费精力的事情成效高很多的。

当然，你如果不仅冰雪聪明野心勃勃，又出落得沉鱼落雁，还有挑战极限的勇气，那就和有钱人谈谈情说说爱去吧！

你问我爱你有多深？月亮代表我的心，太老套，爱你的深度，就像我爱我存折上增加的数字，就像爱得精明也是一种能力，谈钱说爱没有什么可耻。

爱零食也爱钻戒

前几天，一个女孩因为她男朋友在她的生日聚会上，送她一堆五花八门的零食，竟宣布分手了。分手原因，用我那姐妹的话说："和他交往了两年，这么重要的日子里就送一箱零食庆祝，加起来也不到 500 块钱，害我长胖还没有纪念意义，真的觉得他很没诚意。"

当你对一个人有越来越多的要求时，一定是对他有了更多的期待和依赖。对于路上遇到的路人甲、办公室里的某男丁，我们才懒得要求什么呢。然而，亲近与要求又不可完全对等。有要求，只能说明还未亲近到相知的地步，所以需要不断地看到对方满足自己的要求，用来证明他爱你够不够深。

只是，现在什么样的奇事没见过，我倒是觉得这个送零食的男孩是个很能体贴人的好男人。送你一堆零食，最起码说明他不是为了长相身材看上你的。

而且就我来说，一年下来零食钱也不少，什么新食物、新饭店开张都兴致盎然地去尝试，反正我绝不会亏待自己的胃。

食、色，性也。曾经一句打动无数恋人的广告语就是"爱她，就带她吃哈根达斯"，这和"爱她，就给她送零食"，我倒以为有异曲同工之妙。

女人是感性动物，有时难免一厢情愿，胡思乱想。比如觉得某男不体贴，不大方，不解风情，却不肯相信男人都有点粗心大意的毛病。礼轻情意重，千里送鸿毛你都应当感激，至少有人记得你，在这个人人都以瘦和苗条作为美丽标准的大环境里，人家不介意你胖不胖，不正好证明他是真心实意地爱着你吗？

爱从来是一件百转千回的事，我们相识相伴，我们也在相伴的岁月里痛并快乐着，慢慢成长着。准确地说：爱需要投递给正确的人才有价值。

送你鲜花、钻戒、宝马的未必就是对你真心实意的男人。

同理，送你零食、韭菜花的也可以是真心对你好的人。对你好，才希望你吃好喝好，希望你活得快乐，不要亏待自己的嘴巴和胃。

仔细想想，玫瑰花买了有什么用？还不如买点火龙果、韭菜花实用。花枯了不一样得当垃圾扔出去？钻戒买了有啥用？平时懒得戴，戴了怕丢，怕被抢，怕脏，脏了还要送去清洗，只是重要的场合戴一戴……

两手空空，反倒清闲自在。

依我看，钻戒或其他什么的，还不如零食来得妥帖温柔。

谁还傻到真去爱美男

曾经，我是爱过美男的，想想看，挽着一个英俊潇洒的男子的手惬意地走在人潮拥挤的街头，看擦肩而过的人投给你羡慕的眼光，那心情简直是"味道好极了"。

所以，特此申明——我不是不喜欢看漂亮男人，所谓食色性也，男男女女的本质都是一样的，美女美男总是容易让我们的感官受到惊艳的诱惑，因此，我在此强调的不过是不再把美男当做我择偶的标准罢了。

吃一堑，长一智，我在和美男的交往里得出血淋淋教训——美男和美女的最大作用不外给自己撑个面子，为市容美化来个锦上添花。

有句话说得好，人不风流枉少年啊，何况人家是资本雄厚的美男子，身边围绕的莺莺燕燕必定是你来我往你追我赶。

艳遇，邂逅，一夜情，就像招摇的蝴蝶般轻易将美男们暧昧围绕。

美男对爱的追求总是永不疲倦、孜孜以求的，他们的嘴无论大小多半是很甜，山盟海誓爱你爱到骨头里像抹了层蜂蜜。

但你若是真相信了你就是傻瓜，"喜新不厌旧"可是他们久经爱情沙场的经验之谈，最可怕的后果是，当美男遇到了一个他当下感觉还不错的女人，于是以白马王子的样子风度翩翩、温柔无比地靠近了他想要的女人，女人对爱情的幻想最初总是希望遇见一个如梦中情人般的英俊王子，美男无比容易地满足了她们对爱情的向往，也满足了她们少许的虚荣心。

可是很不幸，当女人还人事不省地沉浸在你浓我浓的相思里回味，做个幸福小女人的快乐时，美男却已是"黄鹤一去不复返，白云千载空悠悠"了。甜言蜜语最后成砒霜，你若是很受伤也只能叹自己遇人不淑了。

现在知道了吧？美男感兴趣的是不同的女人，"身在曹营心在汉"是他们习以为常的恋爱计谋，但绝大多数女子都希望爱人的眼里只有她吧？

所以，自认为没有足够硬朗的心肠和博大胸襟的女人，还是不要轻而易举把自己的心肺掏给一个如此的美男。

所谓天生丽质难自弃，所以美男多情也就不是罪嘛。

由此得出的结论是：大多数美男的情史都是路漫漫其修远兮，你基本不可能是他第一个或是他最后一个女人。

退百步说，就算此美男既不多情还多金又有上进心，又有责任感，这样的极品男人我倒是想要，可轮不到咱啊，现实生活里这样的男子就算有也是限量版了吧？

用脚指头想，对他虎视眈眈的女子想必是犹如过江之鲫。古语有训：常在河边走哪有不湿鞋？为了自己能天天睡个踏实觉，咱还是不蹚这浑水好了。

如果你曾是美男的情人，那么很不幸，因为你注定只是他若干个情人里的一个而已，他必定不会沉痛地想念你，所以，你也不必对他念念不忘，因为此刻他的快乐或许正建立在另一个女子幸福的唇边。

　　如果你正准备选择一个美男做你的情人，也请务必考虑
清楚你可能要接受的结果——抛弃别人，还是被别人抛弃？
无论和谁恋爱，都但愿你会是前者，那样你的痛苦会少一点，
因为，甩别人总好过被别人甩啊。

　　女人的爱情视觉是向上的，人不会在同一种错误前摔
两次大跟头，痛定思痛，为了姐姐妹妹们不那么容易"红颜
易老，刹那芳华"，还是祝愿大家都能找到一个既老实又专
情的郭靖哥哥吧！

谈感情得费钱

开门七件事：柴，米，油，盐，酱，醋，茶，生活里哪样都得和钱打上交道，因此，钱来钱去的事情还真是挺多的，谁都难免有个周转不灵或手头紧张的时候，别人借你钱或是你借别人的钱应该是很多人都遇到过的事吧？

可借钱真是件很微妙的事情，有个笑话是这样说的："如果感到心里哇凉哇凉的，请拨打俺电话，谈感情请按1，谈人生请按2，给俺介绍对象请按3，找俺借钱请挂机。"

也许笑话有点夸张，但借钱和还钱确实是人与人之间经常会发生的事情，可以说蛮多人是给人借钱借怕了的。我的一个女同事，好像就是习惯性地问周边的人借钱，前天忘记带钱包出门，昨天买了件很贵的衣服所以手头很紧，而且，她通常借得不多，一百两百的，不借吧，拉不下脸，低头不见抬头见的，可是她却屡屡忘记还，因为钱的数目不大，人家也不好意思开口问她……

尤其是有些男同志，要面子，又讲哥们义气，如果有所谓朋友问他借1000块钱，哪怕他自己兜里只有500块，他甚至会想办法凑齐1000块借给朋友的。若是碰上守信用的朋友还好，不过是自己紧衣缩食过点苦日子，若是碰到不讲信用的，他便只好自认倒霉，无奈地叹一句："千金散尽还复来"吧！

我曾经还在某杂志上看过一个关于男女恋爱分手原因的调查，很匪夷所思的答案——因为借钱。可见现在人与人之间的关系实在是脆弱，一涉及到真金白银的实际问题，怀疑和信任就在风雨飘摇里挣扎着……

这不是说我小气，钱不舍得外借。俗话说得好：所谓救急不救穷。比如一个人好赌，玩起来是不知死活，输了钱再输家里任何可以典当的东西，这样的人是个无底洞，你借再多的钱给他也是肉包子打狗，还钱给你的机会肯定渺茫。

当然，任何人都有碰到点什么意外或手头紧张的时候，

比如你了解品性的人真的是一时的周转不灵，或看病买房子之类，但话说回来，亲兄弟明算账，如果钱的数目较大还是该写个借据什么的为好，也免去日后不必要的困扰和纠纷。

其实说开了，借钱这回事还是在于借钱人的诚信，所谓有借有还，再借不难嘛。至于千金散尽还复来——谁还真信吗？

一枚戒指的下落不明

其实我是不喜欢佩戴饰物的，包括戒指。

但每每看到一款别致的戒指，却又忍不住会多凝望几眼，大约戒指是每一个女子心里的愿望吧，总期待有一个人，你能把手从容地放到他的手心里，看着他把那枚属于幸福的戒指轻轻地戴在你的无名指上。

然而遗憾的是，戒指容易买到，能让你愿意把手从容交给他的人却最是难寻。

一个女子戴戒指的手也会泄露她曲曲折折的心事，十几岁的小女孩招摇而鲜艳，她们的手指里可以容得下各种造

型夸张颜色夺目的戒指，她们不会介意把戒指戴在哪个手指上，也不会介意戒指的廉价与贵重，最重要是她们喜欢这样肆意流淌的张扬与美丽。

微妙的是过了 25 岁的女子，有些小小的气质，在都市的历练里逐渐成熟，也或许她曾经拒绝过某人递给她的戒指，但是若是看到另一名女子手指里有一枚精致的戒指，她却仍会遗憾，会怀念，曾经拒绝过它，原来也会令一名女子在悄然回味时感觉到被爱过的幸福。那枚记忆里的戒指像一个清晰的线索照亮着某个故事里已连不成串的模糊情节。

她们偶尔放纵妩媚吸引男人不安分的眼球，用流苏刺绣真丝棉麻的包裹，清晰褐色的眸子，演绎一场一见钟情的万万年年，适当时候迅速回转。

这些女子的热烈盛开，终究导致男子的如鱼得水。可选的那么多，个个人间春色，只是谁会刚刚好和你遇见？谁会和你谈一场地久天长的爱情？谁会只为你去赴汤蹈火？

生命中忽然走了一些人，也来了一些人，那枚戒指忧伤到骨，还在未知的以后里颠沛，银子的、铂金的、钻石的有什么分别？

或者要遇见那个能让自己怦怦心跳、眉山眼水尽娇羞的人才是最重要的吧？

曾经在周生生的专柜看到一枚戒指真的很好看。

细致的戒边、小小的钻石在满厅灯光的折射像夜空中最闪亮的星辰。贵倒也不是很贵，我所带的钱足够付它的款，但隐隐又有晦涩与不甘心地由自己来将它买下，我知道我是在期待着能从他的手里收到这样一份甜蜜的惊喜。

那枚戒指，无论大的小的，华丽的朴素的，最重要是要有所内容与承载：有雪白的婚纱，有甜蜜的微笑，我愿意从此被那个人唤做妻，我愿意将我的手毫不犹豫地递给他，我愿意被他拉着手一起看细水长流……

是的，我愿意，但那又如何呢？

在这个离心脏最近距离的手指上，一枚戒指下落不明，我和这城市里安静的女子一起穿过风月固执地寻找着……

好色的境界

这世界有些男人风流，有些男人下流。

不过有一点相同的是，风流的男人和下流的男人都是好色。他们都愿意和美丽的女人交朋友。

风流的男人一般要么受过良好的教育，要么在自己的领域里有举足轻重的分量，他们大多像个绅士，风趣自信，值得信任，令人有安全感。

他们永远记得女士优先的规矩，会为女人开车门，也会说一些让女人心花怒放的甜言蜜语，但他亦会做女人最好的朋友，耐心听她们倾诉，给她们的委屈或难题分析形势，出谋划策，当然即使他什么也没有做，安慰和倾听的耐心也足以让女人们感动不已。

在他们的背后或许有无数女人仰慕和期待的目光，他或者会对一个女人心存怜惜，或者会对其中几个动过心，也有过风花雪月，但他们也懂得委婉地拒绝"你并不适合我"。所以风流的男人如果千帆过尽了，就会成家立业，从此就浪子回头金不换，做一个女人的永久港湾了。

下流的男人倒未必都是贩夫走卒，他们也可能有良好的学识或让人耀眼的地位，有句话不是说"不怕流氓太坏，就怕流氓太有文化"吗？所以由此可以推断下流的男人不分穷人和富人、有文化以及没文化。

下流的男人通常都很花心，他们可以对任意女人信誓旦旦，却隔夜就忘，他们习惯见异思迁，处处留情，最终目的当然是为了骗得女人的身体……

当然，对下流的男人而言女人无非就是放在面前的食物，有的吃就好，至于鱼翅和粉丝的区别他根本就分不清甚至也懒得去分清。

所以下流男人所谓的往事，就是他的一生有多少个女人和他一路横七竖八的情史，女人除了谨慎提防还得祝福自

己看男人不要走眼才好啊！

风流的关键是，从来风流多才子、自古美人爱英雄，这大抵也是世间男女对美好爱情和未来的期许和向往，没什么不好的。

请注意——下流男人是没有原则和分寸的。他们朝三暮四偷鸡摸狗，眼里心里尽是看着碗里盯着锅里的贪婪与好色。

所以风流之最关键是：风流的男人是不是才子或英雄？起码他还要一定的人格魅力，肩膀上能担得起"风流"这两字的重量。

举个例子吧，你说如果长得像吴彦祖、金城武般一表人才，名气在外，人见人爱，花见花开，汽车见了都爆胎，想必愿意排着队等着和他们交朋友的女人是不计其数吧？

如果他们不风流，那简直才是暴殄天物，资源的浪费啊。

但话说回来，关于这两男人的绯闻八卦还真是少得可怜，可能是因为他们对女性朋友的要求也相对过高，或者是因为他们见过的各色美人已经将他们锻炼得熟视无睹、心如止水了？

第八章

你要相信总有一个人会护你安好

真正爱的人没有什么爱得多爱得少的，他是把自己整个儿都给他所爱的人。

　　　　　　　　　　——（法国）罗曼·罗兰

女人需要温暖，男人需要温存

　　无端想起《色戒》里边的王佳芝，在完成使命的过程中不知不觉爱上了易先生，最后的关头，在那紧张得拉长到永恒的一刹那间，易先生弧度正好的嘴角显现出几丝若隐若现的怜惜之意，竟使得王佳芝恍若中了蛊，不顾一切地放弃了暗杀计划，最后却悲哀地死在了那个易先生的手里。

　　一个女人在街头遇见了一个男人，他是她旧日的男朋友，但从自己身旁那么近距离经过时，却装作仿佛不认识她的样子漠然地过去了。女人心里很悲哀，过去的岁月里他到底有没有爱过自己？两个曾经卿卿我我的人怎么能说陌生就陌生到路人甲的份上了呢？

　　爱情是女人的七寸之痛，当然你也可以说这就是女人的软肋，只要有那么一个男人正好合了自己的眼球与心意，就可以不顾一切鞠躬尽瘁地对他好，甚至蠢蠢地以为那个男人对自己的感情也一定是坚如磐石天长地久的。

　　可是，这不过是女人过高地估计了自己在男人心目中的地位罢了，女人在男人的生命里远没有自己想象的那么重要。

　　你可能只是他生命旅程里的一个过客，一块跳板，一段艳遇……你天真地以为昨天的甜蜜或美好，多少总会在某男的心里停留片刻吧，可你却忘了男人这种动物天生是忘性比记性大，因为他们可忙碌的东西实在是太多了！兄弟义气、理想、抱负、足球、炒股，以及认识新的女朋友，等等。

　　所以总有痴心的傻女人可以把一个男人当做自己生命的全部，可以为了一个男人得罪父母、放弃事业和自由，男人却很少会为了一个女人抛弃功名和前程。因为他们断不可能把一个女人当做自己生命的全部。说句不好听的话，男人只要有功名利禄，还怕没有女人么？

　　所以一个女人要能在一个男人的生命里占百分之八十的地位，已经是这个女人的造化了。男人征服女人从来以数量取胜，这是他们可以在日后值得炫耀的情史和谈资。

　　女人最应该引以为戒的是永远也不要把一个男人当做自己不能缺少的左膀右臂上胃下脚，千万不要等人家明白地要踹你了，你才来收拾细软哭泣泣走人。

　　咱要走，就得走得利索坚决，走了就别回头，你少了某个男人顶多是难过一阵子，若是少了身体上的任何一部分，那不只是挑男人的范围会少了很多的问题了……

　　靠山山崩，为防患于未然，不如趁自己还有点青春赶紧去充实自己、扩大社交生活圈吧，争取奔个更有钱途也有前途的好工作，当然换个好点的男人也在此考虑范畴之内。

　　恋爱如对弈，是需要智商参与其中的，首先别长男人志气，灭自己威风。千万不要把自己的男人都想得和黄晓明、古天乐一样人见人爱万人迷。

　　其次，永远要记得对男人再体贴温顺也得有个不自卑的底线，不能牺牲了自尊去成全他的体面，更不能以为某个男人会把你当做唯一和全部，要知道叫男人动心和留恋的多半是女人的娇颜和躯壳，而不是爱情。

　　女人以为男人会爱上了自己的思想和灵魂，男人却更乐意享受和迷恋一个女人的美丽与身体。

女人的泪从来留不住变心的男人，男人的泪却会打动一个爱他的女人。

女人以为对她好的男人就会和她结婚，男人却不过打算和她同居。

女人的怀抱留给爱她的男人，男人却能抱一个他并不喜欢的女人。

女人的记性太好，所以无法将某男轻易忘掉，男人的记忆太坏，所以容易开始新的恋爱。

说到底，女人需要的是温暖，男人需要的是温存。温暖是发自心底的真情和眷恋，温存不过是肌肤与肌肤的流连，一字之差，谬之千里，而男人，怕是不会承认的吧？

爱是希望你胖一点

我的一个闺蜜，有点矮，还蛮胖，细眉细眼，也就是通常不被划在第一眼美女的范畴之内了。

闺蜜很喜欢美食，和她一起进餐是件令人很开心的事情，光看她津津有味地往嘴里塞东西，你便也会兴致盎然地用餐。虽然偶尔她也会信誓旦旦地说："从明天开始我一定要减点膘。"

用她的话来说，珠圆玉润是对她最大的外貌恭维，而且她的性格也很强势，曾经我亲眼目睹她在路上把一个扒她提包的壮汉小偷给扭进了派出所。她有一个男朋友，形象不

仅是高大英俊风度翩翩得很，在我们这个不大不小的城市里也称得起有为青年了。

总之，这是在外人看过去似乎不是很登对的一对。说白了，很多人都觉得那么帅那么出色的男孩配她简直是没天理了。

所谓配与不配，其实外人不过是看热闹罢了，幸福如饮水，太冷太烫还是温度适宜只有自己心里的感受最为重要。

江湖上流传的爱情理论，总是一厢情愿地认为金童应该配玉女，郎才应该配女貌，仿佛这样才算是天造地设的美满，可也许甜美爱情童话背后往往是貌合神离的虚伪，一切和谐不过是看上去伪装得都很像真理的谬论。

幸福真正的感觉就是两个人在一起的感觉刚刚好。换句实在的话，是你的跑不了，不是你的也强求不来，有时候爱情和胖瘦高矮清纯美貌并无什么瓜葛。

每个恋人都有自己的优缺点，所谓情人眼里出西施，她的胖旁人看是她的缺点，在爱她的男人眼里也都是优点了。至于她的不够温柔淑女在那个男人的眼里统统都是真性情的流露罢了。

简单说她就是那么幸运地入了他的眼缘，符合了他的审美，还没有谁能霸道地认定性格强势的胖女孩就不能拥有爱和幸福吧？

爱情确实有七十二变，甚至更多的变化，却没有三十六计能教会你什么恋爱技巧，没有一个女人会被所有人喜欢，甲之熊掌，可能乙之砒霜，谁也没有例外。

所以，该节食的女人可以继续节食，该淑女的也可以继续淑女，该吃喝的女人可以继续吃喝，该豪爽的女人可以继续豪爽，如果非要给这样的自信说出一个理由，那就是你独一无二不可复制，因为总有一个人会喜欢这样的你。

但，我能确定的是，无论如何倘若一个男人只是爱看你的脸，那这样的恋爱不谈也罢。

谁来为我做饭我就嫁给他

很喜欢去蔡澜的博客里溜达，因为这真是个有趣的老男人，对吃永远有精力充沛地研究，却又认为最便宜的和最贵的美食同样好吃。

曾经看过一篇蔡澜写的小品文，为了找寻完美正宗的越南米粉，涉了不少的旅程，终于到了终点，是一家叫"勇记"的餐厅，居然在墨尔本。真是很不可思议吧，为了吃一碗粉从香港追到越南，再到法国，最后跑到澳大利亚。

或者不仅仅是为了吃吧，蔡先生似乎是个活得很洒脱的世外高人，为人生兴趣为生活追求，所以他说：其他都是副业，正业是"享受人生"，最好的人生就是吃吃喝喝。贪恋口福的人不胜其多，但能将兴趣与工作结合得这么好的却是不多见的吧，所以看他绘声绘色地去寻找美食、描写美食、制作美食对我已经是种最享受的精神大餐了。

我还特别喜欢看旅游卫视一个叫做《玩转地球》的节目，其中有个栏目是个很帅的外国小伙以很随意的方式在各种场景的厨房教人做菜。而且他选择的背景都很别致，悠扬的小调，明亮整洁的环境，地点多是朋友聚会啊、亲戚聚会啊、ＰＡＲＴＹ酒会啊……

每一次他都会根据场合绘声绘色地做好几道秀色诱人的菜肴，西餐做起来比中餐简单多了，因为主要材料每次用的就是那几样：洋葱，香葱，迷迭香，橄榄油，鲜奶油，柠檬，各种鲜肉类，鱼类，黑胡椒，乳酪，干酪，沙拉酱。

当然几乎每道菜也都会有几种鲜见的调料或者主配料，这也是让我觉得非常新奇所以对我有源源不断吸引的原因，最后在他轻松的调侃与有条不紊的操作里，食物也就完全地做好了。然后朋友聚在了一块，大家一边开ＰＡＲＴＹ，一边品尝这次做的美味。

酒是每餐必不可少的，红酒，葡萄酒，或者伏特加等等，每次帅哥都会去精心选择配酒，这也是有讲究的，要看做什

么菜。总之那小子让我觉得做菜是非常好玩的事情，我非常
喜欢他做菜的感觉，不但是一种情调更是一种享受。视觉的
享受总比自己亲自去尝试容易得太多。

但遗憾也更多，鄙人总是感叹自己对吃倒也算是个天
才，但凡食物入口，香辣涩甜每一种调料我都能轻易品出，
可是对去做一道美食我自认是个蠢材。

曾经因为一时的兴起想学做菜，于是就学个容易的好
了，清蒸鳜鱼看上去不是很简单吗？结果耗费了五条鳜鱼，
最后勉强上桌的清蒸鳜鱼却依然是难以下咽。自此我再没有
打算学做菜的心思了。

既然最好的人生就是尽量地吃吃喝喝。

于是想，要有个男人能伺候得了我的胃，嫁给他，下
半生倒也不亏哈！

正巧几天前有个普通男性朋友跟我说，他现在很想学
做菜，因为这样将来跟女朋友就有种很好的交流方式，一想
到两个人在一起做同一件事情的时候，既增进感情，又能和
喜欢的人在一起共享美味，真是其乐融融啊。

瞧，多可爱的男人啊，可惜那幸福的女人不是我。

于是我死皮巴赖地问人家："那我去给你们洗碗好了，不要工钱，包我吃好喝好怎么样？"

和一个压轴的男人相濡以沫

　　一个女友跟我说，她很想结婚，但她的苦恼是有两个候选人，她不知道应该选哪一个。

　　候选人 A，风趣幽默，很能哄她开心，但缺点是家里条件太差，如果要结婚，可能在物质方面差强人意；候选人 B，成熟稳重，事业有成，但缺点是工作太忙，没有那么多时间陪她。她说，和 A 在一起的时候，每一分钟都是快乐的，除了埋单的时候。

　　和 B 在一起的时候，从来不用担心埋单的问题，但，他们在一起的时间很少。两个男人都很爱她，也都知道对方的存在。他们对她说，让她选择，这个圣诞节到底跟谁过。她对我说，这是我一生最艰难的选择，我到底应该怎么办？

当然，人是喜欢比较的，男人女人都一样，谁都有一双眼睛，谁都不甘人后，即使嘴上不说，不意味着心里不想——为什么那个筐里的麦穗比我的看起来要好？为什么我就不能有一枝更好的？这个世界上，有多少东西是经得起比较的？俗话说，人比人得死，货比货得扔。难道你愿意做一个拾麦穗的专业户，终其一生迷失在麦田之中？

曾经有一个婚姻专家，建议女人在不清楚自己是否应该放弃现有的婚姻时，列一张表，一面写上放弃的理由；一面写上继续的理由，最后比较看哪边的理由多。

我猜这个婚姻专家一定是脑子进水了，爱一个人到底需要几个理由？难道婚姻是到自由市场上选白菜？

事实上，当我们爱一个人的时候，即使对方有种种让我们觉得不如意的地方，我们依然能够像计算机忽略系统错误一样，忽略那些方面；而当我们不爱一个人的时候，即使他完美无缺，我们还是会在心底里给他划一个问号，这是常识。

所以说，爱一个人不需要很多理由，有的时候只需要一个最关键的理由就足够了；而看不顺眼一个人的时候，随

随便便一抓就是一把理由。寻找理由有意义吗？当你喜欢一个人的时候，他的懦弱就会成为善良；而当你不喜欢某人时，那么他的善良就是软弱的代名词。

所以我也只能说，一念起，万水千山；一念灭，沧海桑田。不小心和一个你人生里压轴的男人白头偕老是件多么不容易的事，但愿你们都能有这样的现世安稳岁月静好。

给男人爱情，还要给男人面子

饿死事小，面子事大。曾经有很长一段时间，我几乎相信：给男人爱情，不如给男人面子。

面子是什么，说白了就是好话和高帽，要什么什么没有，要这个还是容易的，好，那女人们对着喜欢的男人就大方些，痛快地给呗。

如果是我，只要对方长得不是太车祸现场我都会称赞人家很有型，呵呵，就像男人夸长得不够漂亮的女人很有气质是同理。

如果对方学识丰富、才气惊人或者故作惊人，我都会

用很仰慕的神情崇拜他，呵呵，每个男人都自信自己的才华和魅力，就好比每个女人都认为自己很独特很美丽。

赞美，被普遍地认为是给男人面子的一种有效率的方法。如果，他在职业和事业上成功，就说他才华出众或技压群雄；如果，他不成功，就是怀才不遇，他的领导全都是有眼无珠；如果，他好脾气，是温文尔雅；如果，他粗暴急躁，就是豪迈男子汉；如果，他只爱一个女人，当然是感情专一的情圣；如果，他多情善变，那也是因为他魅力无穷令太多女人投怀送抱；如果，他勤洗澡爱干净，是爱干净又教养；如果，他竟然几天不洗衣服和臭袜子，那——那——你就心虚地恭维他真是好有男人味儿吧！呵呵！

偶尔我会给男人看手相，基本说的内容每个男人都信以为真、心满意足。当然其实我都是瞎掰，总之无论他是一双什么样的手，我都会告诉他是个大度大方的人，桃花运旺盛并且有不错的前程，男人的面子，无非就是要你夸他有情有义有魅力，现在你也学会了吧？

像创可贴那样的男人

有些女子即使在失恋时也是幸福的。

因为总会有一个甚至几个义气的男子会出现在她身旁，如果她在哭泣，他会给她递上洁白的餐巾纸，如果她彷徨而无助，他的肩膀是她可以信赖的居所。这样的男人就像一剂创可贴，能及时地为她的伤口消炎并止血，虽然不能立竿见影地消除她的痛苦，但至少能抚慰她落落寂寂的心情。

这世界千疮百孔的人和事多着呢，人生有时就是一个苍凉的手势，所以男男女女的分与合实在是没什么大不了的事，因为作为一个合格的成年男女谁还会没有一点两点辛酸

的浪漫呢。

真正可怕的是失恋后的沮丧和寂寞。沮丧和寂寞有时能杀人，心理承受力不好的女子有可能会被它们啃噬得体无完肤、尸骨无存。

而像创可贴一样的男人是你郁郁寡欢时可以令你安心的朋友。

你们不必肝胆相照，但他会为你两肋插刀。你们不必甜言蜜语，但他会为你尽力而为。

他比你大或者比你小无关紧要，长相、身高职业也无关紧要，因为我们除了挑拣男朋友比较麻烦，对亲朋好友没那么缜密的苛求，他或者幽默开朗，或者睿智豁达，或者体贴细心，而且他也同样不会太在意你的高矮胖瘦容貌和言行，因为你也不是他想娶的那个谁谁谁。

但如果你怕黑他会牵着你的手，如果你要吃大餐逛街买衣服，他也会舍命陪君子任劳任怨地陪在你身边，至于谁埋单那是另外一个问题了。如果你唠叨抱怨个不休，他还可以像个垃圾桶，直到你把所有的不快吐完，他会条不紊地告诉你事情的最好解决办法。总之遇到他，你的寂寞，从此有了寄存的地方，你的笑容又能像未受伤害前一样的明媚了。

像创可贴那样的男人绝对不等同于所谓的蓝颜知己，因为蓝颜知己或多或少会掺杂千丝万缕的暧昧和诱惑。

像创可贴那样的男人都是光明磊落的，他本身亦有自己的女友或妻子，他的性格就是那种侠义的情怀，他和你之间保持最恰当的距离纯真地淡淡地交往着。

如果你的生活风调雨顺万事如意，你不会去打扰他，自然，他也不会刻意来给你的日子锦上添花嘘寒问暖，你们彼此就像一种最自然的亲情，因为拥有了这样一个亲人，你会更踏实地去恋爱和生活，也因为有了他的存在，你知道自己从未孤单过，所以偶尔想起他的真诚你就会在某时欣喜而骄傲。

不知道你有没有遇见一个像创可贴一样可爱的男人呢？如果还没遇到，那就赶紧打着灯笼，睁大双眼，大海捞针，勇往直前地去碰碰运气吧！

年龄这件事最公平

以前喜欢伊能静，觉得她在娱乐圈算是能写会唱还长得不错的女人，只是，现在每每看到她穿着少女般可爱的服饰，努力睁着无辜的眼神，用"本公主怎么着"的语气说话，我就觉得胸口闷得慌：都孩子他妈了，为什么要装嫩扮小，怎么就不能端庄平和点好好说话呢？

其实何必呢？每一个人都会老，美女总归要迟暮，所有不服老装嫩的女人不过都是在逃避此地无银三百两的这个现实。

我只知道，女人到了什么样的年龄就该穿什么样的衣

服，说什么样的话，有什么样的气质，好比张曼玉吧，她在
20岁的时候给人们展现的是荡漾着青春的笑脸以及盈润的
身段，但40岁后出现在人们面前的她虽然不再年轻，却优雅，
低调得恰到好处，你总不会看到她会用穿得少而性感去吸引
人的眼球吧？人家来北京住，还戴着墨镜挤地铁呢，即使有
人认出来她也会温和地微笑表示友好，这样的女人自然而恬
淡，把那些成天走光、撒娇的所谓美女们不知甩了几十条大
街的档次。

真的，女人到了一定的年龄，有些衣服，就不能再穿了，
即便是半老徐娘，身材曼妙，仍然有20岁的傲人好身材，
你也应该懂得含蓄与收敛了。20岁以容颜的美丽来显示自
己的美好，40岁的女子要用智慧来显现自己的从容与气度。

还有一个女子也是中年女子的优雅典范，那就是赵雅
芝，大概是演白素贞演得当真成精了。在电视上看她年轻时
演的冯程程，灵气与美丽逼人，可是现在每一次出现在众人
的视线里依然光彩夺目，倒不是她真的有多么的漂亮，这世
界从来不缺少所谓美女，而是她知道自己处在什么样的年纪，
知道自己什么样的装扮最得体，所以她不会穿得露胳膊露大
腿去和年轻的小女孩争风头，所以她也不会嗲声嗲气地说一
些作秀的蠢话来献自己的丑。知道藏拙露巧就是一个女人难
能可贵的修为，这一点是所有肚腩凸起、手臂松垮还硬要穿

得很少的大龄美女们都要谦虚学习的技巧。

男人跟女人最放不下的东西，总有些不一样的。男人不怕老，只怕没有功名利禄，而女人，尤其是曾经美丽的女人大多数总是不甘心，因为害怕衰老而不愿意去面对自己不再年轻的事实。

但一个人如何能躲掉白发与皱纹呢？

有人说，人若能做到有一百岁的境界，八十岁的胸怀，六十岁的智慧，四十岁的意志，二十岁的激情就是个有睿智的人了，只是要做到还实在不是件容易的事。

或许，这只能是一种心态吧。

"年龄没什么好怕的，这件事最公平"，这是我在某处看到的一句话，很是精辟，送给所有美女和迟暮的美女们共勉。

爱是接受也要忍受

有一对情侣，相约下班后去用餐、逛街，可是女孩因为公司会议延误了，女孩赶到的时候迟到了半个钟头，她的男朋友说："我想你一定忙坏了吧！"

接着，他为女孩拭去脸上的雨水，并且脱去外套披在女孩身上，此刻，女孩流泪了。但是，流过她脸颊的泪却是温馨幸福的。

试想如果她的男朋友是很不耐烦地抱怨："你每次都这样，现在我什么心情也没了，我以后再也不会等你了！"结果会如何？

你体会到了吗？其实爱恨往往只在我们的一念之间！爱不仅要懂得宽容更要及时，很多事可能只是在于你心境的转变罢了。如果有个人爱上你，而你也觉得他不错，那并不代表你会选择他。

我们总说："我要找一个很爱很爱的人，才会谈恋爱。"但是当对方问你，怎样才算是很爱很爱的时候，你却无法回答他，因为你自己也不知道。

《圣经》上说爱是恒久的忍耐，这种忍耐包括爱他身上一切的好，却又包容接受他的缺点。所以，你以为人为什么要谈那么久的恋爱啊，那完全是为了剩下的未来的漫长的人生相守要有多么的爱，就有多么的体谅。

但一切都是值得的。所谓恩慈，就是在事情发生以前就已经被原谅了。

没错，我们总是以为，我们会找到一个自己很爱很爱的人。可是后来，当我们猛然回首，才发现自己曾经多么天真。假如从来没有开始，你怎么知道自己会不会很爱很爱那个人呢？其实，很爱很爱的感觉，是要一起经历了许多事情之后才会发现的。每个人都希望找到自己心目中百分之百的伴侣，但是你有没有想过，在你身边早有人对你默默付出很久了，只是你没发觉而已。

　　所以，还是仔细看看身边的人吧，他或许已经等你很久了。当你爱一个人的时候，爱到八分绝对刚刚好。所有的期待和希望都只有七八分，剩下两三分用来爱自己。如果你还继续爱得更多，很可能给对方造成沉重的压力，让彼此喘不过气来，完全丧失了爱情的乐趣。

　　所以请记住，喝酒不要超过六分醉，吃饭不要超过七分饱，爱一个人不要超过八分。如果你正在为爱情迷惘，下面这段话或许可以给你一些启示：爱一个人，要了解也要开解；要道歉也要道谢；要认错也要改错；要体贴也要体谅；是接受而不是忍受；是宽容而不是纵容；是支持而不是支配；是慰问而不是质问；是倾诉而不是控诉；是难忘而不是遗忘；是彼此交流而不是凡事交代，是为对方默默祈求而不是向对方诸多要求。可以浪漫，但不要浪费，不要随便牵手，更不要随便放手。

看在爱情的面子上一切可以被原谅

情人眼里出西施，那么情人眼里必然也会出潘安。男子通常是拜倒在女子的石榴裙下，女子更容易滑倒在男子的甜言蜜语上。

女人往往是感性的动物，因为这满怀春心的爱慕就滋生出想象的翅膀，便将无数男人的优点放大在此潘安的身上。旁观者因此笑：恋爱中的女子智商为零或负数。

其实说这话的必定是个男人，她不懂女人在恋爱里撒娇装傻仰慕他，不过是为了给爱他的那名男人留个面子。

所以，女人并不是看不到某男人身上的缺点，比如不爱干净乱扔臭袜子之类，不过是看在爱情的面子上，暂时就容忍了，所谓不想当将军的兵不是好兵，女人是明白这个道理的，等结婚后，或等他爱自己更多些时，看自己怎么来收拾他。

女人不是不懂男人的誓言是比风花雪月更缥缈，不过是因为爱他，看在爱情的面子上就姑且听了再说，说了总比不说好，好歹他也有付出脑力去想那些肉麻兮兮的话嘛。

女人都知道十个男人，七个呆，八个坏，九个傻，还有一个人人爱。人人爱的太招摇，看在爱情的面子上，挑个傻点的也无妨，最好是傻得眼里只有她一个。

女人当然也会羡慕别人的男朋友更有钱或者更帅气，但放心，看在爱情的面子上，她心里明白适合自己的才是最好的，谁不是看远处的风景更好看呢？所以，她也只是羡慕而已，不会蠢到去抛弃你的。

女人不喜欢男人占有欲太强，因为男人不喜欢你有太多异性朋友，还不准你穿太性感的裙子上街去。但看在爱情的面子上，女人还是会窃喜和容忍的，为什么？总好过他十天半月不见你也没什么关系吧？

女人不喜欢看足球，但爱着的那个男人却看得昏天暗

地，看在爱情的面子上，不如就跟着学习吧，至少和他聊天时还可以多点共同的语言。

女人的抽屉里全是男人送的并不贵重的小礼物，书签、风铃、布娃娃……但女人都喜欢，不是因为礼物，是因为送礼物的人是他，看在爱情的面子上，痴心和甜蜜是心甘情愿的。

女人不喜欢男人抽烟，不喜欢男人忘记了自己的生日，不喜欢他接吻的方式，不喜欢他……

但没关系，这些都是小问题，谁让她最爱的人是你呢？

爱情不就是一种最合理的束缚吗？因为爱了所以甘愿被"束"。

还是曹雪芹他老人家了解女人——女人是水做的骨肉，形容得真是入木三分啊，水是什么？能载舟，亦能覆舟，能解渴亦能淹没，能亦刚则刚亦柔则柔……

情场上的胜利者据说大多就是这些"大智若愚"的女人们，当然，信不信那是你自己的事情了……

迷人的大叔们

奶茶妹妹和刘叔叔幸福地生活在一起，刘诗诗和吴叔叔也幸福地在一起了。是的，她们爱的男人都是大叔。

我是在一次偶然调台的时候看到了一部早已被各大电视台播得泛滥的韩剧《巴黎恋人》，也爱上了一个大叔。没有办法啊，我喜欢看那个戴着眼镜、有着温暖笑脸的男人韩社长——朴信阳。于是忍着剧情的无聊依然会满心欢喜地看下去。

其实具体也说不上来为什么会喜欢他，也许在他的身上看到太多别人的影子吧。他们都一样，虽然没有俊朗的面

孔，但是面对心爱的人都有天真的笑容，浅浅的酒窝，装满
的都是幸福，板板的西服穿得帅帅的。宠爱身边的女子，面
对爱情的磨难不顾一切的执著，稳重中不失风趣。

戴眼镜的朴信阳，就是那样一个相貌平实的男人，平
实到只要他露出一个温暖的笑脸，你就会觉得心里有无比踏
实的感觉。

等待一个青春年少的男孩成长为一个稳健成熟的中年
男子也是一个漫长的过程啊，在更早些时候，曾有看他主演
的《我心荡漾》，说实话我就只顾注意金南珠、韩载锡这对
美女帅哥的分分合合，完全忽略了在一旁默默守候的他了。

那时他真的很年轻。对于长得不够偶像的人来说，在
一部俊男美女扎堆的戏里，实在没发觉他有什么过人之处。

至多年以后，年少青涩的男生终于变成了成熟稳重中年
人；我也不会再热衷于去追随浅薄的青春与帅气。更多时候，
会愿意来慢慢体会，这种平实的中年男人带来的淡淡的暖意。

有一次无意中找到了朴信阳的个人网站，网站一如他
的为人，低调而舒适，里面的背景音乐缓缓得响着朴信阳温
柔的歌声；海蓝的背景上，他橙色的签名，闪着温暖、沉静
的光辉。

感觉理想的中年男人，大概就是这个样子。像《巴黎恋人》里的韩社长，温和又带点说一不二的霸气，偶尔有一点老派，有点幽默感，懂得倾听，喜欢一本正经地讲话，但说话时的语调会让人很窝心，呵呵，若是嫁人，这样的男人应该是很好的人选吧？

所以，年轻时不怎么吸引女孩子目光的小男孩根本不需要着急，也许等你更成熟更老一点的时候，你也会在阅历与人生的积淀里将自己磨练得更加出色了。

不信，你去看看梁朝伟在若干年前主演的《鹿鼎记》吧，里面的韦小宝虽然是主角，但个子单薄、眼神简单，和现在有着忧郁眼神、风度翩翩的他比起来，那实在是差太远了。